INVENTAIRE
V 12673

AF261828

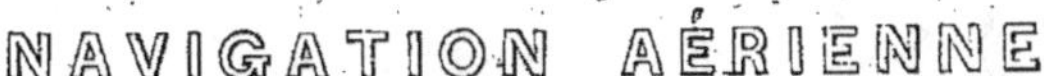

LE ROTAER

MOTEUR ATMOSPHÉRIQUE

SUIVI

D'UN APPENDICE SUR L'AÉROSTATION

PAR H. BARNOUT

ARCHITECTE

PARIS

IMPRIMERIE DE L. TINTERLIN ET Cᵉ,

RUE NEUVE-DES-BONS-ENFANTS, 3.

1858

LE ROTAER

LE ROTAER

MOTEUR ATMOSPHÉRIQUE

SUIVI

D'UN APPENDICE SUR L'AÉROSTATION.

PAR H. BARNOUT

ARCHITECTE

PARIS

IMPRIMERIE DE L. TINTERLIN ET Cᵉ

RUE NEUVE-DES-BONS-ENFANTS, 3.

1858

Les chemins de l'air étant aussi imaginaires que ceux de l'esprit, l'on ne doit pas s'étonner si, de tous temps, les aspirations les plus vives des hommes ont été dirigées de leur côté, et cela en vue de les utiliser.

Néanmoins, ce n'est jamais sans un certain sentiment de crainte que l'on aborde le problème de la navigation aérienne ; car, après l'insuccès des nombreuses tentatives faites dans le but de le résoudre, ceux qui s'occupent aujourd'hui de cette question sont généralement exposés à l'ironie et aux sarcasmes, quand ils ne sont pas accueillis par la prévention et la défiance de la part des personnes qui nient toute solution pratique de ce genre de locomotion.

Cependant, la persévérance des recherches de cette nature est d'autant plus digne d'égards, et surtout d'encouragements, que, s'il y a des découvertes ou des inventions facile à apprécier, soit par la description des appareils ou des procédés, soit à l'aide d'une simple expérience, il n'en est pas de même en aérostation : dans cette branche encore nouvelle de la science, tout est problématique et hypothétique, aussi bien au point de vue de la théorie qu'à celui de la pratique, et l'on y est réduit à *traiter* par le raisonnement ce qu'il est impossible de *prouver* par des calculs et par des faits.

C'est pour cela qu'une foule de combinaisons plus ou moins savantes ou ingénieuses, proposées jusqu'ici pour prendre possession du domaine atmosphérique et parcourir ses vastes régions, ont échoué, et que l'on n'a pu encore triompher de résistances qui ont créé bien plus d'obstacles à l'aérostation que la résistance de l'air.

Il ne faut donc pas s'attendre à trouver dans ce travail, soit des *détails*, soit des *discussions scientifiques*, sur les densités et la résistance des fluides ou milieux en général, sur les différentes intensités de la vitesse du vent, sur la théorie de la chaleur appliquée à la dilatation des gaz et de l'atmosphère à diverses températures, sur les lois générales du mouvement, l'étude, le calcul et la distribution des forces, avec toutes les formules algébriques de la mécanique mathématique, ni enfin sur aucunes théories quelconques. D'ailleurs, les *données* actuelles disparaîtraient indubitablement devant l'*allure* toute nouvelle que semble devoir prendre l'appareil dont il s'agit, et la plupart des dissertations courraient le risque de porter à faux.

Mais il est indispensable de faire connaître en quoi consiste cet appareil et de donner une explication raisonnée du système auquel il emprunte ses propriétés : les calculs viendront plus tard. — Cette manière de procéder est, du reste, en rapport exact avec l'ordre dans lequel les faits se produisent, et si, dans les innovations en général, les découvertes ou l'invention *précèdent* souvent la théorie et toujours le calcul, l'on ne saurait mieux faire, pour les exposer, que de suivre une méthode semblable à celle de leur accomplissement.

Puis, comme dit un proverbe, à quelque chose malheur est bon, il résultera naturellement de *l'absence* de tous détails scientifiques anticipés, que le présent travail, qui n'est en définitive qu'un *appel*, aura été d'autant mieux entendu qu'il sera à la portée *d'un plus grand nombre*.

H. B.

AVANT-PROPOS.

Rotaer, mot nouveau, veut dire *Roue aérienne*, et sert à désigner un appareil propre à réaliser dans l'air des effets de translation semblables à ceux produits sur terre par la *roue ordinaire ;* seulement, tandis que la roue ordinaire revêt une *forme simple* et n'est qu'un *organe de mouvement*, le *Rotaer*, par les dispositions de son ensemble aussi bien que par son mode d'action sur l'air, acquiert les proportions d'un *systéme*, et devient, au point de vue de l'atmosphère, **un agent moteur ;** d'où il suit que, si la roue ordinaire, par ses incomparables propriétés, peut être regardée comme une seconde création qui multiplie la puissance humaine, la roue aérienne, ou le *Rotaer*, ne paraît pas devoir lui rien céder sous le rapport de son importance relative ; et que, si l'*origine* de l'une se perd dans la nuit des temps, l'*avenir* réservé à l'autre semble, par les avantages qu'il procurera, devoir racheter, bien au delà, le retard apporté à sa présentation au jour.

Tel est, par cet aperçu de ses propriétés, le côté *pratique* du Rotaer ; quant à sa *théorie*, sur laquelle cet aperçu n'apprend rien, elle repose tout entière sur la proposition suivante :

Tout corps abandonné à la *gravitation*, soit par la simple chute, soit dans une oscillation, soit sur un plan incliné, devenant, *momentanément*, un moteur (dont l'action est *limitée*, ou par la hauteur de la chute, ou par l'amplitude de l'oscillation, ou par la longueur du plan incliné), un appareil qui effectuerait une chute *indéfinie*, qui accomplirait une oscillation *perpétuelle*, et qui constituerait, *par lui-même*, un plan incliné *continu*, serait, par ces motifs, un **moteur permanent**.

Or, le *Rotaer* remplissant entièrement ces conditions, et toutes ses actions se produisant dans l'air, il est à la fois **pendule aérien, roue aérienne** et **moteur atmosphérique**.

Toutefois, le Rotaer étant surtout une *roue*, et devant nécessairement fonctionner suivant les mêmes principes que cet organe de mouvement, tous ses moyens d'action, au lieu d'être *disséminés*, comme il en a été dans la plupart des systèmes proposés jusqu'ici, sont, au contraire, ainsi que dans la roue, *centralisés* et réunis de manière à former de *l'appareil* et de *son action un seul et même corps.*

Ainsi, la *pesanteur*, au lieu d'être répartie sur toute l'étendue de sa surface, est ramenée, tantôt dans un sens, tantôt dans l'autre, à un seul point, c'est-à-dire *centralisée.*

Le *plan incliné*, que nous rencontrerons dans sa construction, et qui, dans les autres systèmes, fonctionne sous l'influence de diverses conditions d'équilibre, est, dans celui-ci, également *centralisé.*

La *direction* elle-même, par suite du placement du gouvernail au centre du système, contrairement à tous les précédents, est aussi *centralisée.*

Tout, enfin, dans ce système, jusqu'à l'*action* c'est-à dire au *mouvement*, qui n'est autre que l'oscillation d'un pendule, est *centralisé.*

Or, si, comme je vais essayer de le démontrer, l'exactitude de ce que j'avance se confirme, l'*étude* de la navigation aérienne pourrait bien, par l'emploi du *Rotaer*, entrer dans une *voie nouvelle*, sérieuse et surtout définitive.

Mais, avant d'aborder aucun développement à cet égard, il est indispensable de présenter quelques *considérations* sur l'ensemble de la question, afin de bien faire connaître comment le *Rotaer* est un appareil *rationnel*, renfermant la *formule exacte* de l'idée qu'il convient de se faire de l'aéronautique, et dont le rang peut être, dès à présent, fixé dans l'histoire de la locomotion en général.

CONSIDÉRATIONS GÉNÉRALES.

Partant de ce principe que la *roue* est un *organe spécial de mouvement*, et, considérant que l'on se meut aussi bien *sur terre* que *sur l'eau* et *dans l'air*, l'on arrive à cette conséquence que, s'il existe une **roue terrestre**, la *roue ordinaire*, s'il existe également une **roue aquatique**, l'*hélice*, il doit exister aussi une **roue aérienne**, le *Rotaer*.

Cette roue existe en effet, et c'est en cherchant à la découvrir ou à l'inventer que je suis parvenu à mettre la main sur l'une des plus heureuses analogies qui existent.

Prenant donc d'abord la *roue ordinaire*, l'on constate qu'elle est surtout applicable aux solides, et qu'elle ne peut servir que *sur terre*, où son simple contact suffit pour établir l'adhérence.

L'addition d'aubes à sa circonférence, en augmentant la surface de ce contact, a permis, il est vrai, de l'employer aussi sur l'eau ; mais l'on n'a pas tardé à s'apercevoir qu'elle n'avait, à l'égard des liquides, aucune propriété *spéciale* ou *particulière*, et que la *continuité* de ses effets, si précieuse sur le sol, est, au contraire, défavorable dans l'eau, où elle nuit à son action et rend cette dernière incomplète.

Il était réservé à *l'hélice*, de récente découverte, d'offrir ces propriétés *spéciales et particulières* qui permettent d'utiliser dans un milieu *toute l'action utile* de la roue à aubes, sans en présenter les inconvénients, et de devenir ainsi la *roue aquatique* par excellence.

Mais, ce qui est arrivé pour la roue terrestre, quand, après l'avoir armée d'aubes, on l'a appliquée à la navigation, devait se renouveler pour l'hélice quand, voulant utiliser la propriété qu'elle possède de fonctionner *dans un milieu*, on l'a appliquée à l'aérostation : L'expérience n'a pas confirmé les prévisions, et l'on a pu constater que, de même qu'il en était pour la roue à aubes relativement à l'eau, l'hélice, malgré l'augmentation de sa surface par de plus grandes dimensions, n'a pour l'air aucune propriété *spéciale* ou *particulière*. Dailleurs, le défaut d'une force suffisante pour la mise en mouvement des appareils, ne permettrait pas de songer à l'employer pour la translation dans l'atmosphère, où, en raison de la densité si disproportionnée de ce milieu, qui est environ huit cents fois plus faible que celle de l'eau, il faut, encore plus que pour l'eau, agir d'une *manière spéciale* et par la *production d'effets différents*.

En conséquence, il doit en être du **Rotaer** dans la *navigation atmosphérique*, comme il en a été de l'*hélice* dans la *navigation maritime* : cet appareil, que nous offrons aujourd'hui, deviendra, à son tour, ainsi que nous l'avons énoncé dans notre *Avant-Propos*, la **roue aérienne** par excellence.

Il permet, en définitive, de fonctionner à l'égard de l'air comme l'hélice fonctionne à l'égard de l'eau et la roue ordinaire à l'égard du sol, et il n'est autre chose pour l'air qu'une *hélice appropriée* à l'aérostation, comme l'hélice elle-même est pour l'eau une *roue à aubes appropriée* à la navigation, comme enfin la roue ordinaire est pour le sol un *traîneau approprié* à la locomotion rapide.

Vouloir après cela, comme on s'efforce encore de le faire aujourd'hui, appliquer l'*hélice* à la navigation aérienne, quand, ainsi que nous venons de le voir, cet appareil est *essentiellement aquatique*, est une prétention complétement analogue à celle qui consisterait à employer la roue à aubes à l'exclusion de l'hélice dans la navigation, où à se servir du traîneau au lieu de la roue pour voyager sur terre.

La **Roue**, l'**Hélice** et le **Rotaer**, sont donc, au point de vue de la translation, un *seul et même agent*, dans lequel les *mêmes propriétés* sont utilisées *selon la nature* du corps véhiculaire à parcourir, et, si l'on peut, *à la rigueur*, employer indifféremment l'un et l'autre de ces appareils dans les mêmes circonstances, l'on ne saurait dans toutes obtenir une efficacité semblable.

En un mot, si *l'on marche* sur terre et si *l'on nage* dans l'eau, *l'on doit* **planer** dans l'air. — C'est là ce qui caractérise *le vol* proprement dit, et il n'est pas plus possible de *nager* dans un gaz que de *marcher* sur un liquide ou d'avancer rapidement sur un solide en se *traînant* à sa surface. — L'action de *planer* n'est d'ailleurs qu'une extension de celle de *nager*, dans laquelle, en des temps proportionnellement égaux, *une faible densité* est compensée par une *grande superficie* ; et, comme par l'intervention du déplacement naturel du Rotaer, la surface de ce dernier est sans cesse multipliée, cet appareil est, de tous, le plus propre à réaliser les effets désirés.

Mais, si le *Rotaer*, dont l'aspect exclut entièrement toute idée de roue, est, par le raisonnement, une **roue aérienne**, comme *l'hélice*, cette autre forme de la roue, est une *roue aquatique*, il doit s'ensuivre que ses propriétés dérivent de la même source que celles de la roue ordinaire, et que si cette dernière est *l'expression figurée* des oscillations du **pendule**, accomplies dans un ordre successif, le Rotaer pourrait bien aussi comporter une *représentation méthodique* de ces mêmes oscillations.

C'est, en effet, ce qui a lieu, et, sans remonter bien loin à ce sujet dans l'ordre des faits, l'on trouve par l'observation que, comme la roue ordinaire, le Rotaer dérive du *pendule* et fonctionne d'une manière analogue, ce qui nous a fait dire, dans notre *Avant-Propos*, que le Rotaer était un **pendule aérien**; seulement, ses oscillations au lieu d'être *continues* d'une manière *rotative*, comme dans la roue ordinaire, sont *alternativement concaves* et *convexes*, de telle sorte qu'au lieu de décrire un *cercle*, leur succession produit une *ondulation* qui est la marche distinctive de cet appareil aérien.

Il n'en résulte pas moins pour cela dans l'air des effets de translation semblables à ceux de la roue sur terre ; mais, par suite du mode d'action du Rotaer, ces effets, au lieu d'être engendrés, comme dans la roue ordinaire, par la translation *horizontale* et *continue* du centre d'oscillation, se produisent par le déplacement de ce centre qui, tantôt s'élève et tantôt s'abaisse dans une direction à la fois verticale et horizontale, c'est-à-dire *inclinée*.

Cette *direction* étant la *résultante* de deux forces *concourantes*, il est facile d'en conclure que le Rotaer agit en vertu de ce que l'on nomme en mécanique le *parallélogramme des forces*, qui serait le principe de la navigation aérienne.

Sans s'arrêter à la définition technique et à l'analyse des mouvements de la roue de l'hélice et du Rotaer, le développement de la marche de la roue étant une *courbe simple*, sensiblement un demi-cercle, et celui de l'hélice une *courbe inclinée* ou spirale, celui du Rotaer sera une *courbe composée*, comme l'est, en effet, une *ondulation*.

La roue ordinaire, par son mouvement rotatif, fonctionnant comme un *pendule perpétuel*, et l'hélice, par sa projection incessante, comme un *plan incliné continu*, le Rotaer, dont les ondulations ne sont que la reproduction du mouvement rotatif et de la projection incessante, fonctionnera comme ces *deux modes d'action* réunis.

Dans la roue ordinaire, l'action est *limitée* à l'adhérence par simple contact ; dans l'hélice, elle *s'agrandit* et *embrasse* le *corps soumis* à ses effets ; dans le Rotaer, enfin, elle se *complète* et *s'étend* à la fois au *contact*, au *corps soumis* à ses effets et à *la production des mouvements*.

Il suit de là, qu'au lieu d'être, comme la roue et l'hélice, un simple *organe de moteur*, le Rotaer, par suite des propriétés spéciales de l'atmosphère et de celles que cette dernière lui communique, est lui-même **un moteur** proprement dit, moteur, que le champ de son action nous a fait nommer, en commençant, **moteur atmosphérique**.

C'est la seule différence qu'il y ait entre la roue et l'hélice d'une part, et le Rotaer de l'autre, lesquels se ressemblent sous tous les autres rapports.

Et, comme l'étendue du contact des appareils véhiculaires avec les corps soumis à leurs effets, doit être d'autant plus grande que la densité de ces corps est plus faible, il s'ensuit que si *sur terre*, où l'on ne fait que *poser*, le contact, que l'on cherche tant à éviter, est théoriquement *réduit à un point* ; si *pour l'eau*, où l'on *pénètre* déjà d'une quantité égale à son poids, ce contact *s'étend à la surface* ; *dans l'air*, où l'on est entièrement *plongé*, et qui peut être considéré comme une véritable *éponge de contact*, ce même contact, *embrassant le volume*, devra prendre, au contraire, des proportions non-seulement considérables, mais encore *multipliées* par l'action elle-même, qui, étant à double effet, se produira par les *deux faces* des appareils.

De telle sorte que, *sur terre*, l'action étant *linéaire*, *pour l'eau*, *superficielle*, *dans l'air*, elle sera, si l'on peut employer cette expression, *cubique*, c'est-à dire *répartie sur le volume*.

Ce qui explique pourquoi, *l'air* existant à l'état de masse complétement *véhiculaire* (ce qui n'a pas lieu pour *la terre* et pour *l'eau*), il est indispensable de *l'enserrer* par des ondulations ou replis, sans se préoccuper de la plus grande longueur du chemin à parcourir, attendu que, si l'effet est sinueux, le résultat est *linéaire*, et que, d'ailleurs, ce chemin ne coûte absolument *rien*.

Ces considérations ainsi établies, la *ligne* peut être regardée comme applicable à la *locomotion* sur terre, *la surface* à la *navigation*, *le volume*, enfin, à *l'aérostation!*

Tels sont, sommairement, les principaux rapports **qui existent entre** ces diverses formes d'un même type primitif, *la roue ordinaire*, et qui le caractérisent.

Quant au mode d'action de chacun des appareils ci-dessus, il se ressent lui-même de la simplicité élémentaire du type primitif, *la roue*, et, dans l'un comme dans l'autre cas, il consiste uniquement à déterminer un mouvement de *va et vient* semblable à celui par lequel on utilise, sous tant de formes, la puissance des machines dans les nombreuses applications de la science et de l'industrie.

Or, ce mouvement de va et vient, appliqué à l'atmosphère, devant avoir lieu alternativement de *haut en bas* et de *bas en haut,* il est facile de concevoir que la *gravitation* puisse l'engendrer aussi bien dans un sens que dans l'autre, attendu que, en montant comme en descendant, c'est toujours la même force qui agit, tantôt d'une manière *directe* et immédiate, comme dans la *descente*, tantôt d'une façon qui, pour sembler *détournée*, comme dans l'*ascension*, n'est que médiate ou relative.

La **gravitation**, qui est déjà la loi générale et universelle, serait donc encore *une des lois* particulières, si ce n'est *la seule,* de la navigation aérienne, et ne le céderait, comme force, à aucune autre.

Alors, le **poids** qui, *sur terre*, est le *seul obstacle* à la translation, deviendrait, au contraire, *dans l'air, le seul agent* de tout déplacement, et, à l'exemple du pendule ordinaire, le *pendule aérien* ou le **Rotaer**, exécutant des oscillations, fonctionnerait uniquement par la *gravitation*.

Il n'est pas à dire pour cela que la *roue* et l'*hélice* ne puissent pas fonctionner par la *gravitation* : les nombreux usages dans lesquels ces appareils utilisent cette force, prouveraient amplement le contraire ; mais ce ne serait pas un moyen de les appliquer à la *grande locomotion*, tandis que le *Rotaer*, employé précisément dans ce but, *ne peut fonctionner que par la gravitation.*

L'*Exposé* suivant, après la lecture duquel il sera bon de revenir aux *Considérations* qui précèdent, lesquelles pourraient également servir de *conclusion*, fera voir que le *Rotaer* répond, par toutes ses dispositions, aux idées générales qui viennent d'être émises sur lui.

EXPOSÉ.

Si l'on imagine un grand panneau rectangulaire (figuré page 34), d'une construction légère, suspendu horizontalement par ses quatre angles, comme un plateau de balance, entre deux poids situés chacun sur la même verticale, l'un *ascensionnel*, un aérostat au-dessus, l'autre *descensionnel*, une nacelle au-dessous; si l'on conçoit que ces poids sollicitent alternativement le panneau, tantôt pour monter, tantôt pour descendre ; si l'on suppose, en outre, que ce panneau puisse basculer *comme sur un axe*, sans que les poids dévient de leur commune verticale, ce qui aurait lieu par le roulement de poulies dans les liens de suspension, et qui ferait que les mouvements d'ascension et de descente s'effectueraient suivant des directions inclinées; si, enfin, l'on considère que chacune de ces actions correspondra nécessairement à un changement de place dans l'espace, l'on aura une idée exacte de l'appareil que, par l'analogie de ses mouvements d'ascension et de descente avec ceux de va et vient d'une bielle sur la manivelle d'une roue ou d'un volant, l'on peut appeler **roue aérienne**, en d'autres termes, **Rotaer**, nom que nous avons adopté (1).

Disons de suite que, par opposition avec les autres appareils aériens, le Rotaer agissant en vertu d'une force *indépendante* à la fois de *l'atmosphère* et de *lui-même*, est appelé à traverser l'air en *tranchant*, en quelque sorte, ses couches, ce qui lui permettra de ne pas craindre l'action des courants et des vents, *contre* lesquels, au contraire, il pourra au besoin marcher.

En ce sens, le Rotaer est un véritable *moteur*, non pas un moteur mécanique, mais bien, comme nous l'avons annoncé, un **moteur atmosphérique**, attendu que, si sa puissance lui vient de la gravitation,

(1) Ceci est uniquement pour la *démonstration*; car, dans *la pratique*, les choses ne sauraient se passer d'une façon aussi élémentaire : Le panneau et l'aérostat y seront en effet confondus dans un seul et même organe. — C'est ce que nous verrons d'ailleurs plus loin, page 39, dans un chapitre *post-scriptum*, consacré à ce sujet.

ce n'est que par la *résistance* de l'atmosphère combinée avec l'*inclinaison* du panneau que cette gravitation peut produire des oscillations, puis des ondulations, et, par suite, des effets de translation.

Le principe sur lequel est fondée l'action du Rotaer étant la *gravitation*, l'on peut pressentir d'avance quelles doivent être les conditions à remplir pour réaliser le programme de ses fonctions :

Profiter de la force acquise par l'ascension d'une part, et par la descente de l'autre, pour transformer un mouvement vertical de va et vient en mouvement de translation horizontale.

Ainsi compris, le problème de la navigation aérienne se trouverait résolu conformément à cette proposition que l'on a cherché *intuitivement* à faire passer à l'état d'axiome, à savoir : que, en matière d'aéronautique, *monter et descendre c'est naviguer*. Seulement, ces deux actions auront été produites par le Rotaer *autrement* que l'on n'avait pensé à le faire jusqu'ici.

En effet, le mouvement de translation, au lieu de résulter d'opérations mécaniques, sera emprunté à un *agent naturel*, la **gravitation**, tantôt *directe*, c'est-à-dire *la chute*, tantôt *détournée*, c'est-à-dire *l'ascension*.

Peut-on mieux faire, d'ailleurs, que d'en appeler à l'intervention des *agents naturels*, et n'est-ce pas pour avoir fait usage d'un tel agent, *la chaleur*, que les immortels Montgolfier ont réussi les *premiers* à opérer *l'ascension ?*

Il est probable qu'il doit en être de *la direction*, qui est restée tout entière à créer et à organiser, comme de la translation ; et si l'on a également cherché à opérer cette direction par l'emploi du plan incliné, les systèmes proposés dans ce but étaient loin de se présenter avec les caractères d'harmonie méthodique qui distinguent à un si haut degré celui dont il s'agit.

Jusqu'ici, en effet, les appareils fondés sur le principe de l'emploi du plan incliné ont été disposés pour agir en vertu du *déplacement* du centre de gravité, tandis que le Rotaer agit, au contraire, par la *fixité* de ce même centre de gravité : c'est son panneau de translation qui seul se déplace, relativement au lest, non en s'inclinant par ses extrémités, mais bien *en basculant* sur *son axe fictif ;* circonstance essentielle qui, ainsi que nous le verrons plus loin, est également particulière au gouvernail. (Voir la figure 1ʳᵉ, page 37, ainsi que le détail qui y est annexé.)

Cette différence entre le Rotaer et les autres appareils aériens est des plus importantes à constater.

Du reste, toute excentricité du point d'appui dans l'air est entièrement destructive d'un équilibre quelconque, et ne peut qu'amener inévitablement la chute anormale des appareils.

Quoi qu'il en soit, la locomotion dans l'air, pratiquée par un *agent naturel*, n'est pas un fait isolé : elle est comparable à la navigation maritime opérée par l'action *du vent* sur la voile, et, à l'exemple de cette dernière, il n'y a pas à craindre qu'elle soit détrônée de sitôt.

Rapportée au vol des oiseaux, la marche d'un Rotaer, dont le panneau s'appuirait, tantôt *par dessus*, tantôt *par dessous*, sur les couches de l'atmosphère, c'est-à-dire d'une manière *continue*, serait à ce vol ce que l'action de la roue ordinaire, dont les rayons viennent se placer successivement les uns au devant des autres, est à la marche des animaux terrestres, comparativement à laquelle la roue produit, comme l'hélice et le Rotaer, une duplicité d'effets tels, que les animaux sont représentés dans ces divers cas, comme marchant, nageant ou volant toujours.

L'*ascension* et la *chute*, ou le mouvement vertical de *va et vient* convenablement modifié, sont donc les *deux éléments* principaux de la marche d'un Rotaer, et il suffit de provoquer alternativement l'un et l'autre pour l'effectuer.

La *résistance de l'air* sur le panneau, agissant comme force contraire à l'ascension et à la gravitation, n'est pas moins importante que les mouvements précédents, puisque c'est par suite de cette résistance que le panneau, placé par son lest dans une position inclinée, peut glisser, soit en montant, soit en descendant, suivant un plan identique, par dessus ou par dessous les couches de l'atmosphère et accomplir un mouvement de translation.

A cet égard, et pour prévenir, avant d'aller plus loin, les objections dans lesquelles, mu par un sentiment de juste rigueur scientifique, l'on se refuserait à admettre, de prime abord, qu'un corps abandonné à sa gravité dans l'air, même suivant une direction inclinée très-horizontale, puisse, avec la seule résistance des couches inférieures comme force contraire, s'éloigner de la verticale, non-seulement de beaucoup plus du maximum de la résultante, mais encore jusqu'à avancer horizontalement dans des oscillations, il faut faire remarquer :

2

1° Que les mouvements de bascule du panneau s'exécutant, non par des changements brusques et complets, opérés tantôt en haut, tantôt en bas du mouvement vertical de va et vient, mais bien (à la faveur d'un mécanisme spécial) d'une manière incessante et continue, sa mobilité constante modifie le mouvement de translation suivant les inclinaisons que détermine le panneau, qui est dans l'air *l'expression* même du chemin, lequel se manifeste en quelque sorte sous tous les pas *qui trouvent le moyen de s'y produire ;*

2° Que les mouvements d'ascension et de descente, distribués par le même mécanisme que celui du panneau, commençant chacun avant que l'un et l'autre n'aient cessé, afin d'éviter les effets du *point mort,* et subsistant ensemble pendant une partie des oscillations supérieures ou inférieures, c'est-à-dire lorsque le panneau locomoteur occupe ses positions horizontales, le Rotaer, sollicité à la fois par l'ascension et par la gravitation, n'obéissant plus à aucune de ces actions séparées, mais bien aux deux qui le tiennent alors en équilibre, reste sous l'influence de l'impulsion produite par l'une ou par l'autre de ces deux composantes et se ment alors dans le sens horizontal de son oscillation pendant un temps d'autant plus long que la force d'impulsion aura été plus grande, jusqu'à ce que, l'emportant sur l'autre, l'une des deux actions, à la faveur du *changement d'inclinaison* du panneau, relève ou abaisse ce dernier pour continuer, recommencer de nouveau et ainsi de suite.

Sans les effets de bascule continue du panneau et la simultanéité alternative de l'ascension et de la descente au haut et au bas des ondulations, la marche du Rotaer, au lieu d'être modulée en ondulations, comme le représente la figure 2, page 37, serait saccadée par des zigzags qui sont la forme sous laquelle, par l'inclinaison simple du panneau opérée seulement dans le haut et dans le bas de sa course, se produit, en définitive, dans l'air, le mouvement de va et vient.

Ces effets, quelque simples ou complexes qu'ils paraissent, sont, du reste, complétement analogues à ceux que l'on obtient dans les machines ordinaires par l'emploi d'un volant ou par le brisement de l'essieu moteur en deux coudes, distants entre leur course d'un quart de révolution.

C'est une nouvelle preuve de la ressemblance du Rotaer avec la roue, et qui milite en faveur de notre appareil, dont les lignes qui précèdent renferment presque toute la théorie.

L'on y voit que l'atmosphère est comme un *moule* qui, relativement aux appareils que l'on y transporte, ne fait que reproduire *la forme* de ces derniers et suivre indifféremment toutes les directions qu'il leur plaît de lui imprimer. L'on conçoit donc que, par la faculté dont ces appareils sont doués en outre de modifier leur action, comme le font les oiseaux, ils puissent être avec raison considérés, à l'exclusion de l'atmosphère, comme étant les *seuls et véritables chemins.*

Quant à la **direction** proprement dite, comme elle réside avant tout dans la possession d'un point sur lequel on puisse s'appuyer pour *diriger des opérations, d'un point d'appui,* en un mot, il n'y a pas lieu de s'occuper de la recherche de ce point avec le Rotaer, attendu que *dès qu'il marche, c'est qu'il a trouvé un point d'appui.*

Il trouve, en effet, ce point partout dans l'atmosphère, et c'est un nouvel avantage à constater, en faveur du Rotaer, sur l'emploi des autres appareils aériens, dont beaucoup *cherchent* encore le *point d'appui.*

Le *gouvernail,* qui n'est que *l'agent* de la direction, étant ainsi pourvu d'un point d'appui, peut dès lors fonctionner utilement. Il diffère, dans le Rotaer, du gouvernail employé jusqu'ici, en ce que, au lieu d'être fixé à l'arrière, où il agirait comme un puissant levier et paralyserait les mouvements du panneau de translation, il est placé dans le centre de gravité de ce panneau, sur lequel il est *axifère,* par suite de la nécessité d'agir à double effet ; et, pour servir à l'ascension comme à la descente, il en existe un sur chacune des faces dudit panneau.

L'expérience la plus simple suffit, d'ailleurs, pour démontrer la nécessité de cette disposition et, pour le dire en passant, l'excentricité du gouvernail est l'un des défauts principaux de la plupart des appareils aériens.

Là pourrait se borner l'exposé du Rotaer, s'il ne fallait démontrer de quelle manière s'exécutent ses principaux mouvements, c'est-à-dire ceux d'*ascension* et de *descente,* d'où découlent tous les autres.

La *descente* n'est pas difficile à produire : la gravitation par la simple chute *dirigée* en fera seule les frais ; mais, pour l'opérer, il faut élever le panneau à la hauteur de laquelle cette chute devra s'effectuer, et c'est ce qui ne peut avoir lieu que par l'ascension.

Or, l'ascension, dans l'état actuel de nos connaissances, c'est-à-dire en l'absence d'un moteur assez puissant, relativement à son poids ou faute d'une manière d'utiliser suffisamment les forces que nous avons à notre disposition, ne peut guère se faire qu'avec l'aide d'un *aérostat* (1), et comme il est préférable qu'il présente le moins de surface possible à la résistance de l'air, cet aérostat serait tout naturellement gonflé par le gaz qui, de tous, est le plus léger, par l'hydrogène simple, dont, au moyen d'un mécanisme et d'appareils spéciaux, l'on comprimerait ou laisserait s'échapper, à chaque oscillation de la marche, la quantité nécessaire pour opérer la modification de poids capable de rompre l'équilibre, ce qui, dans l'air, suffit pour la production de tous les mouvements.

A ce sujet, il n'est pas inutile de rappeler que de nombreuses ascensions s'étant faites à l'aide d'une force ascensionnelle d'un kilogramme seulement, ce qui correspond à un mètre cube environ d'hydrogène, la *perte* ou la *compression* de quelques mètres cubes de ce gaz pourront être *le prix* auquel sera dû chacune des ondulations de la marche du Rotaer.

Nous verrons, lors de la description du Rotaer, que l'aérostat destiné à opérer son ascension est pourvu d'une *vessie natatoire*, et quels sont les avantages qui résulteront de l'emploi de cette dernière.

Ah ! si l'on pouvait *condenser* et *rétablir* alternativement le volume de l'hydrogène, comme l'on communique ou retire au fer doux, par l'électricité, la propriété magnétique, ou seulement *comprimer* ce gaz aussi facilement que l'on *condense* la vapeur d'eau (2) et que l'on *dissout ou combine* le gaz ammoniac (deux corps qui, étant plus légers que l'air, pourraient, avec moins d'avantages et surtout de facilités, il est vrai, servir également à l'aérostation) le problème serait bientôt résolu, et le même aérostat qui formerait lest pour monter, formerait également lest pour descendre ; mais, malgré tout ce qui s'est réalisé, aussi bien dans ce qui était concevable qu'inattendu, l'on peut craindre qu'il ne soit jamais donné à l'homme d'opérer de semblables prodiges.

L'accroissement de la force produit, en définitive, par un moyen détourné, l'équivalent d'une diminution de poids, comme certaines combinaisons d'agencement ou d'équilibre, tel que cela a lieu avec les aérostats, annulent complétement, en apparence, les effets de la pesanteur.

(1) L'aérostat, *plus léger* que l'air, est encore à l'aérostation ce que le vaisseau est à la navigation, et il ne paraît pas que de sitôt l'on puisse plus se passer de l'un que l'on ne s'est, jusqu'ici, passé de l'autre. — Quant à des appareils *plus lourds*, ils ne pourraient s'élever dans l'atmosphère comme le font les oiseaux, qu'avec l'aide du moteur ou de ces moyens dont l'absence nous fait si grandement défaut.

(2) L'on comprend qu'il n'est ici question de la vapeur d'eau que parce que les effets du Rotaer sont alternatifs, autrement il n'y faudrait pas songer, cette vapeur n'étant pas permanente. Toutefois, la contraction violente et instantanée qui accompagne sa condensation serait on ne peut plus favorable à l'action de la descente, comme sa reconstitution progressive à celle de l'ascension.

Mais sans aller si loin dans cet ordre d'idées, l'air chaud, qui a le même poids que la vapeur d'eau et le gaz ammoniac, pourrait être utilisé plus avantageusement que ces derniers en revenant simplement à la montgolfière qui, remplie par le bas pour *monter* et vidée par le haut pour *descendre*, s'ouvrant et se fermant alternativement comme le ferait un organe respiratoire, deviendrait ainsi l'âme de l'appareil, la source de tous ses mouvements.

Ce moyen d'ascension pourrait, dans la pratique, être d'autant moins dédaigné, que son aliment, l'air atmosphérique, qu'il suffirait d'échauffer à l'aide d'une ou de plusieurs couronnes de becs de gaz oléfiant, se trouve partout.

Il est vrai que par ses plus grandes dimensions la montgolfière ferait payer encore plus cher que le ballon le service qu'elle rendrait de procurer l'ascension, à cause de la plus grande surface qu'elle opposerait à la résistance de l'air. Mais l'expérience et la pratique prononceraient à cet égard.

Je ne parle pas des précautions à prendre contre l'inflammation des tissus, non plus que de celles ayant pour but d'empêcher l'aérostat de tomber sur le panneau pendant la descente, dans le cas où l'équilibre entre ces deux appareils viendrait à être momentanément détruit ; c'est l'affaire des plus simples détails. D'ailleurs, par suite de la forme que prendront définitivement les appareils, et qui est indiquée au *Post-Scriptum*, ces précautions seront pour la plupart inutiles.

Parmi d'autres organes ascensionnels dont on peut faire usage, doit-on parler d'un projecteur, sorte de récipient de forme évasée, dans lequel, par l'inflammation d'une matière combustible ou d'un mélange détonnant, l'on produirait instantanément soit une assez grande quantité de gaz, soit un choc assez brusque pour réagir sur les couches d'air inférieures, et cela autant de fois qu'il serait nécessaire pour s'élever à la hauteur de laquelle la chute devrait avoir lieu?

Certes, un tel appareil, simple, peu embarassant, d'un service facile, et surtout ne nécessitant aucun travail à bord, pourrait être d'autant mieux employé que, comme il ne s'agit toujours que de rupture d'équilibre, il ne fonctionnerait que dans ce but ; alors l'aérostat ne servirait plus qu'à maintenir sans cesse la sustentation à peu près permanente.

Dans une autre acception, la différence de poids nécessaire pour produire cette rupture d'équilibre étant très-faible, rien n'empêcherait que pour opérer l'ascension (l'aérostat annihilant toujours le poids spécifique), l'on ne fît usage de roues à ailes rotatives semblables à celles du propulseur dont j'ai donné la description dans mon *Système rationnel*, ou même seulement d'une simple hélice. Dans ce cas, ces ailes ou cette hélice seraient mises en mouvement par la machine.

Tels pourraient être, enfin, les divers moyens à l'aide desquels, entre autres, s'opéreraient les ascensions alternatives par lesquelles s'exécuterait la marche du Rotaer.

Il va sans dire que, dans un grand nombre de cas, l'on pourra profiter, pour cette marche, des courants et des vents, en utilisant même la mobilité du panneau, dont les inclinaisons seraient alors combinées avec l'action de ces derniers, parmi lesquels, à l'aide des gouvernails, l'on parviendrait encore à se diriger dans quelque sens et dans quelque direction que ce fût.

Quant à l'ascension pour s'éloigner du sol et à la descente pour y revenir, ces deux actions diffèrent de celles qui engendrent le mouvement de translation en ce qu'elles résultent des effets les plus simples de l'appareil. Il suffit, en effet, pour l'ascension, de conserver à l'aérostat sa force ascensionnelle pendant tout le temps que le panneau est maintenu dans une même inclinaison, jusqu'à ce que l'on ait atteint la hauteur à laquelle on veut naviguer, et pour la descente, de priver l'aérostat de cette même force pendant que l'on abandonne le panneau aux oscillations verticales, si mieux l'on n'aime, le transformant en parachute, suivre une ligne droite, ou bien encore combiner ensemble ces deux derniers effets pour, avec l'aide du gouvernail, arriver exactement à un point donné.

Il est inutile d'ajouter que, pour éviter tout choc avec la terre, l'on devra modérer l'action de la descente en neutralisant une partie de ses effets par ceux de l'ascension elle-même, à laquelle on aurait partiellement recours ; produisant, enfin, en montant comme en descendant, de petits mouvements analogues à ceux d'un bateau à vapeur, par exemple, qui ne s'arrête à l'endroit déterminé, qu'à l'aide de quelques coups d'aubes des roues, soit en avant, soit en arrière.

Les opérations du mécanisme règleront, d'ailleurs, ces détails de second ordre ainsi qu'une foule d'autres, tels que ceux qui concernent la compression, l'expansion ou la fabrication des gaz, et dans lesquels nous ne pouvons entrer ici, non plus que dans ceux relatifs au gouvernail ou à d'autres organes ou agrès, et qui sont, comme tant d'autres questions principales ou accessoires, des détails d'exécution et d'expérience.

Il en est de même, et nous ne pouvons également entrer dans l'exposé des dispositions à prendre pour que, lors de la descente, le panneau de translation, vu sa grande dimension et surtout sa fragilité, ne soit pas, ainsi que les gouvernails, endommagé par le véhicule (lequel, placé dessous, aurait lui-même à souffrir de leur chute), ou par les inégalités du sol. Seulement, pour les cas où, au lieu de toucher à terre, il arriverait que l'on vînt à tomber sur l'eau, il sera indispensable de préparer des moyens appropriés, et, tout au moins de construire les véhicules pour tenir la mer au besoin.

Quant à munir de roues ces derniers pour faciliter leur changement de place sur le sol, cette nécessité se comprend assez pour n'avoir pas besoin de commentaires.

Ces dispositions, comme toutes les précautions généralement quelconques à prendre, soit pour l'organisation du service, soit pour la sécurité ou diverses éventualités, sont nécessairement soumises à *la forme* définitive des appareils, que nous examinerons plus loin, au chapitre *Post-Scriptum*. C'est donc seulement pour compléter l'ensemble des termes suivant lesquels est posée présentement la question, qu'il est indispensable d'en parler au moins ici.

Enfin, à l'égard des frais d'établissement des Rotaer tels que les exigera la pratique, l'on ne saurait trop rappeler que les chemins *ne coûtant rien* dans l'air, il n'y a vraiment pas lieu de s'en préoccuper. Ces frais, quels qu'ils puissent être, d'ailleurs, seront loin d'égaler ceux des chemins de fer et de leur matériel. Il ne faudra donc pas les regretter, les Rotaer dussent-ils, ce qui n'est pas présumable, atteindre le prix des vaisseaux, avec lesquels, en raison de l'élément à l'exploration duquel ils sont destinés, ils ont la plus grande analogie.

Résumant actuellement l'ensemble des actions du Rotaer, il est facile de voir que la marche de cet appareil reproduit complétement et d'une manière analytique, le vol des oiseaux, lesquels, après s'être *élevés en biais* dans l'air, *s'y abandonnent* d'abord à *la chute*, suivant un *plan incliné*, puis *y planent horizontalement*, comme le fera notre appareil, ensuite, *remontent* un peu, en vertu de la force acquise, l'oscillation qu'ils ont commencé à décrire, *l'achèvent*, enfin, au moyen de leurs propres forces, pour *recommencer* de nouveau, et ainsi de suite.

Tous ces effets, compliqués en apparence, sont engendrés ici par la marche du Rotaer, qui, par les inclinaisons successives et différentes de son panneau, a lieu, ainsi que nous l'avons déjà vu, d'après une suite *d'oscillations concaves et convexes*, formant, par leur réunion, une série d'ondulations d'autant plus allongées que les hauteurs desquels on pratiquera la chute et l'ascension seront plus grandes, et que le panneau sera incliné plus horizontalement.

Avant qu'il soit une *roue aérienne*, par ses effets dynamiques, le Rotaer, exécutant des oscillations, est donc, par sa marche, ainsi que nous avons eu raison de le dire, un *pendule aérien*, qui, amplifiant sur les propriétés du *pendule ordinaire* et agrandissant la sphère de son action comme celle de la roue, en raison du milieu où cette action se produit, au lieu de laisser ses oscillations *revenir* sur elles-mêmes, fait qu'elles *se suivent* en opposant seulement leur courbure.

De plus, les oscillations du Rotaer qui, engendrées par *l'action d'un mécanisme*, sont d'une amplitude toujours égale, pourraient aller en diminuant graduellement, comme dans le pendule ordinaire, jusqu'à l'immobilité, et produire dans le sens vertical, comme dans le sens horizontal, une suite d'oscillations de plus en plus petites, se confondant enfin en une ligne droite, si l'on faisait dépendre l'inclinaison du panneau d'une *action naturelle* telle, par exemple, que l'action d'ailes mues simplement par le courant que le Rotaer détermine dans l'air.

Ce qui se produit dans le haut et dans le bas des oscillations de la marche d'un Rotaer lancé par le glissement de son panneau sur les couches de l'air, est en parfaite analogie avec le phénomène du ricochet d'un corps solide et plat sur une surface liquide, et c'est par suite de la résistance de l'air, augmentée dans une proportion équivalente à la vitesse des mouvements ascendants et descendants, que la réaction, aidée par le changement d'inclinaison du panneau, s'effectue de manière à produire une réflexion plus ou moins égale à l'incidence.

Enfin, comme tous les appareils finis et complets, le Rotaer qui, par l'ensemble et la décomposition de ses mouvements et par leur analogie aussi bien avec ceux des machines qu'avec ceux des animaux en général, possède déjà sa physiologie, comporte encore, par l'étendue de ses rapports, toute une philosophie.

En effet, indépendamment des propriétés signalées ci-dessus,

En traversant l'air dans toutes les directions, le Rotaer constitue l'atmosphère à l'état de *masse* entièrement *véhiculaire;*

En trouvant partout dans l'air un point d'appui, qu'*il porte* ainsi en quelque sorte *avec lui,* il rend l'atmosphère *point d'appui* dans toutes ses parties;

En allant *de lui-même* au-devant de la résistance de l'air, qui, tranquille, ne produit aucune action, et en *créant* ainsi, d'une façon détournée, la force qui le transporte, il fait enfin que l'atmosphère, déjà masse véhiculaire et point d'appui dans toutes ses parties, est encore (si l'on peut employer cette expression) *masse puissantielle* dans toute son étendue.

Le Rotaer est donc un appareil essentiellement rationnel et qui paraît appelé à circonscrire en quelque sorte les limites dans lesquelles devront être dirigés désormais les efforts des chercheurs en aéronautique. Il doit une partie de ses propriétés et de ses avantages au mécanisme spécial dont il est doté, lequel faisant concurremment avec lui l'office de tiroirs, de régulateur, d'excentrique et d'autres organes, est une véritable intelligence mise au service de la volonté qui le dirige.

Quant à la force au moyen de laquelle agit ce mécanisme, elle est empruntée à un moteur particulier; car si le Rotaer est un moteur, il l'est seulement au point de vue de la constitution de l'atmosphère, et il n'en faut pas moins que, comme les ailes des oiseaux, ces moteurs animés, le Rotaer soit pourvu d'organes nécessaires à son action.

Abordant maintenant le chapitre des résultats, si l'on admet qu'un Rotaer fasse une *chute* et une *ascension*, c'est-à-dire une ondulation par minute, et si l'on suppose que l'amplitude des oscillations soit seulement de deux à trois kilomètres, la vitesse avec laquelle il parcourra l'espace ne sera pas moindre de cinquante lieues à l'heure : il ferait en huit jours le tour du globe !

Si cette vitesse n'a rien qui doive nous étonner, aujourd'hui que l'on trouve que des machines locomotives, qui font quinze lieues à l'heure sur les chemins de fer, ne *marchent pas* et que l'on attend avec impatience celles qui en parcourront vingt-cinq, il n'en est pas de même de la sensation vertigineuse qui s'empare de l'esprit à l'idée de ces chutes précipitées accomplies à cinq ou six kilomètres du sol, c'est-à-dire dans l'immensité, laquelle commence pour nous où la vue s'arrête.

Cependant, si l'on veut bien se rappeler ce qui est arrivé lorsqu'il s'est agi de l'établissement des chemins de fer, où, malgré la vitesse que l'on redoutait dans leurs trains, surtout pour la respiration, l'on ne s'est pas trouvé plus mal que dans les voitures sur les routes, l'on reconnaîtra que, malgré ces nouvelles appréhensions, il y a lieu de penser que l'on ne sera pas moins bien dans le Rotaer.

Dans tous les cas, comme le progrès, qui nous mène, conduit nécessairement aux faits les plus excentriques, relativement à l'époque où il
se produit, l'on doit, dans la navigation aérienne, pour laquelle rien
n'existe et où tout est à créer et à organiser. s'attendre à éprouver des
effets et des sensations *inconnus*.

Au surplus, il faut expérimenter, et malgré les difficultés que semblent
présenter son exécution et son mode d'action, il est à croire que le Rotaer ne se prêtera pas moins bien que les autres appareils aux tâtonnements indispensables.

Toutefois, fonctionnant à l'aide d'une faible différence de poids, la
translation opérée par cet appareil ne présentera aucun des dangers qui
s'offrent à l'imagination quand il est question de la navigation atmosphérique (1).

Pénétré comme nous le sommes des avantages qui devront résulter de
la navigation aérienne, il doit nous en coûter de résister au désir d'en
énumérer au moins les principaux ; mais le champ en a été tellement
exploré et battu jusqu'ici, que l'on ne pourrait avoir recours qu'à de nombreuses redites.

Bornons-nous donc à constater que par suite des moyens d'exécution dont nous disposons, et en raison des débouchés de tous genres
ouverts par la civilisation moderne, *l'opportunité* de la navigation aérienne
n'a jamais été plus grande qu'aujourd'hui, et que ce mode de locomotion
s'introduirait certainement dans nos habitudes aussi promptement que
les chemins de fer et la vapeur. Il suffit de constater le chemin qu'a fait
en vingt ans l'heureuse découverte d'Œrsted (la déviation de l'aiguille
aimantée sous l'influence d'un courant électrique), laquelle, sans Volta
et Galvani, se trouverait peut-être encore dans l'oubli, pour ne pas en
douter. Or, la navigation aérienne est plus avancée aujourd'hui que
ne l'était en 1820 l'électro-magnétisme. Il est même probable que les
appareils destinés à parcourir l'air n'attendront pas longtemps les perfectionnements analogues à ceux qu'ont subis les machines à vapeur, fixes
ou locomotives, dans les mains de Watt et de Stéphenson, ces habiles
constructeurs qui, par une forme et des dispositions plus convenablement appropriées, ont seuls trouvé le *moyen* de donner aux machines
dont il s'agit une application *pratique* qu'elles n'avaient pas avant eux.

(1) Les dangers de l'aéronautique existent uniquement, on le sait, dans le voisinage du
sol, surtout pour l'aborder, et, comme sur mer, *ils sont nuls* dans le grand océan aérien.

Aussi, bien que les principes de la navigation aérienne soient connus, comme l'étaient les propriétés de la vapeur, le système qui contribuera à rendre cette navigation *praticable* constituera une véritable découverte et l'emportera nécessairement sur tous les autres.

Quoi qu'il advienne, néanmoins, en supposant même que les moyens indiqués par nous soient encore insuffisants, l'on ne pourra pas disconvenir que, par suite du nouvel ordre d'idées dans lequel nous avons présenté la question, l'étude de l'aéronautique, ainsi que je l'ai dit en commençant, ne soit entrée définivement dans une *nouvelle voie*.

Il est vrai qu'il n'y a pas là de nouveaux éléments ; mais il en est ainsi de tout en général, et, bien que les lettres, les chiffres et les notes de musique, dont les nombres sont tous limités, soient toujours les mêmes, l'on ne crée pas moins, par leur assemblage perpétuel et infini, toutes les sources de poésie, de science et d'harmonie qui défrayent la vie et auxquelles viennent se délecter ou se retremper sans cesse les facultés de l'intelligence.

Espérons donc que, conformément aux lois de la progression, nos prévisions à l'égard de la locomotion aérienne seront plutôt dépassées que seulement atteintes, et que, sous tous les rapports, l'aéronautique sera à la locomotion par les chemins de fer, ce que cette dernière a été à l'ancien mode de transport par les routes et les diligences ; comme les diligences, à leur tour, étaient aux pataches, les vaisseaux aux coches, la vapeur à la voile, la télégraphie électrique à la télégraphie aérienne ; comme, enfin, dans un autre ordre de faits, la puissance des machines est à la force humaine, la précision du travail mécanique à l'irrégularité du travail manuel, etc., etc.

Cependant, par suite de la possibilité de naviguer dans les régions de l'air un peu élevées, où, avec le calme, l'on rencontrera une température plus égale et un temps constamment beau, la navigation aérienne étant ce que l'on peut appeler *la fleur de la locomotion* proprement dite, il faut bien se pénétrer de cette pensée, qu'elle ne devra pas être prodiguée au point de servir au transport des objets, et que si ce n'était la profaner et l'avilir que de l'y employer, ce serait au moins la priver de sa *spécialité*, qui sera exclusivement le *transport des personnes* ; car, l'agrément procuré par la vue du magnifique spectacle qu'elle déroulera et l'abréviation du temps qui résultera de sa rapidité probable, sont deux avantages auxquels les objets ne sont nullement sensibles, et que l'esprit ainsi que les yeux, sans lesquels la vue ni le temps n'existent, peuvent seuls apprécier.

A cet égard, la nature, en n'accordant pas aux oiseaux la faculté de rien transporter en volant, nous apprend qu'il ne faut pas gaspiller inconsidérément les forces nécessaires à la locomotion aérienne : l'oiseau, en effet, comme il semble devoir en être pour l'homme, ne vole que pour augmenter une faculté de relation, c'est-à-dire opérer plus rapidement son changement de place, et non pour obéir à aucune impérieuse nécessité.

La navigation aérienne sera donc, en définitive, une affaire de satisfaction relative plutôt que d'utilité absolue, et, comme telle, il pourra bien arriver qu'elle ne soit jamais qu'une *exception*, mais une exception grande et forte, qui sera au transport des individus ce que la télégraphie est à l'humble poste aux lettres, servant seulement dans les circonstances particulières, collectives, internationales ou autres; pour des voyages d'urgence, de grande utilité ou d'agrément, et pour des excursions circum-terrestres, véritables trains de plaisir de l'humanité !

Par tout ce qui précède, si, en raison du principe qui le fait agir et d'après la disposition des pièces qui le composent, le Rotaer semble destiné à assurer enfin le triomphe de la *navigation aérienne* dans l'acception la plus complète du mot, il est incontestablement appelé, par les résultats incomparables qu'il doit produire, relativement à tout ce qui existe, à compléter, avec la télégraphie électrique, le système nerveux de l'humanité, dont les chemins de fer sont déjà le système artériel proprement dit : l'une des branches de ce système nerveux, la *télégraphie*, présiderait, en effet, à la *sensitilité*, c'est-à-dire au transport de la sensation, tandis que l'autre, l'*aéronautique*, par une ressemblance complète avec les phénomènes qui se manifestent dans le règne animal, serait spécialement affectée à la *locomotilité!*

Paris, le 15 mars 1858

H. BARNOUT, architecte.

DESCRIPTION

(Voir la Figure, page 34.)

Nota. Comme il faut bien penser que, malgré l'infaillibilité du principe, qui lui sert de base, les formes, les dispositions et les dimensions du Rotaer devront, en raison des divers usages auxquels il sera destiné, subir des modifications plus ou moins profondes ou recevoir des perfectionnements plus ou moins notables, il convient de considérer celui dont la description suit comme un *Rotaer d'expérience.*

Un **Rotaer d'expérience** se compose donc :

1° D'*un grand panneau* de forme rectangulaire, construit en bâtis de bois léger, tendu en étoffe, maintenu en état de rigidité par des fermes cintrées, et destiné, tant à glisser en plan incliné sur les couches de l'air qu'à s'y maintenir horizontalement, comme parachute, lors de la descente.

> L'effet réalisé par l'emploi d'un seul panneau prenant alternativement des directions inclinées différentes, pourrait être obtenu par des lames mobiles qui seules basculeraient, tandis que le châssis, au pourtour, resterait horizontal. — Cette disposition, qui ne change rien au principe de l'appareil, modifierait seulement l'ensemble de sa construction.
>
> S'il arrivait que, malgré la simultanéité d'effet de l'ascension et de la descente au haut et au bas des ondulations de la marche, l'on reconnût encore l'utilité d'augmenter la résistance de l'air en augmentant la superficie du panneau, ce dernier pourrait être muni latéralement d'ailes qui, se déployant dans ces deux positions, se refermeraient ensuite pour ne pas nuire à l'effet ultérieur des actions verticales.

2° De *deux systèmes de suspension* du panneau, l'un pour l'*ascension*, l'autre pour la *descente*, formés chacun de quatre liens fixés aux quatre angles, réunis d'abord deux à deux, puis ensemble au sommet, comme une anse destinée à s'enrouler sur une poulie à gorge, à l'axe de laquelle seront suspendus l'*aérostat*, comme lest ascensionnel, pour celle supérieure, et le *véhicule*, comme lest de gravitation ou descensionnel, pour celle inférieure.

> Ces deux systèmes forment chacun un triangle dont la réunion par la base au droit du panneau constitue un parallélogramme : ils sont maintenus, malgré les changements incessants des inclinaisons de ce dernier, par leur enroulement autour des poulies, dans un état de similitude et de parallélisme parfait.

C'est par ce parallélogramme mécanique que s'opère en définitive le phénomène du parallélogramme des forces dont le principe fait, après la loi de la gravitation, la base de l'application du Rotaer.

3° D'un *aérostat ordinaire* gonflé par le gaz hydrogène, formant lest ascensionnel, ouvert à sa partie inférieure, n'ayant d'autres soupapes que celles de sûreté, et auquel, par la poulie du lien supérieur, est suspendu tout l'appareil.

L'*évacuation* du gaz hydrogène pour pratiquer la descente, s'opérerait soit en *aspirant* le gaz, soit en *comprimant* l'aérostat par le gonflement, dans son intérieur, d'un petit ballon, sorte de vessie natatoire d'une capacité de quelques mètres cubes seulement, que, par la compression, l'on remplirait d'air atmosphérique ou d'acide carbonique gazeux.

Ce dernier moyen procurerait l'immense avantage d'éviter la déformation de l'aérostat, qui, toujours gonflé, présenterait constamment une surface lisse offrant, par conséquent, le moins de prise à la résistance.

L'hydrogène ainsi soutiré, qu'il s'échappe dans l'atmosphère ou qu'il soit comprimé et tenu en réserve pour servir de nouveau, c'est un détail dont il importe peu de s'occuper ici.

Cependant, il est bon de rappeler que l'on doit éviter le plus possible, à bord, tous travaux mécaniques ; or, ceux relatifs à la compression de quelque gaz que ce soit sont de ce genre.

Quant au *remplacement* du gaz hydrogène nécessaire pour renouveler l'ascension, il aura lieu soit par l'expansion de celui que l'on tiendrait comprimé, soit par l'introduction de celui que l'on fabriquerait à bord, si, contre toute attente, il arrivait que ce moyen fût préférable.

Toutefois, dans le cas de l'emploi du ballon intérieur, il faudrait, à son égard, procéder à l'évacuation du gaz qu'il contiendrait ; ce qui aura également lieu soit par l'aspiration, soit par le gonflement même de l'aérostat, qui produirait *extérieurement* sur le ballon intérieur l'effet que ce dernier aurait produit *intérieurement* sur l'aérostat. L'on pourrait même construire ce ballon intérieur en caoutchouc et opérer l'expulsion de son gaz par sa propre élasticité, bien qu'il eût fallu dans ce cas le comprimer pour l'y introduire ; mais ce détail concerne la pratique.

Enfin, qu'ils soient fabriqués d'une manière incessante ou comprimés à bord, ou qu'ils soient contenus dans des récipients dont on se munirait, les gaz ascensionnels et autres seront distribués alternativement par le mécanisme de la machine.

La distribution des différents gaz dans les ballons et leur aspiration alternative, sont complétement analogues à la distribution et à l'expulsion de la vapeur par les tiroirs, dans l'emploi des machines fixes ou locomotives.

4° D'une *caisse de service* destinée à l'équipage, formant lest descensionnel ou de gravitation, suspendue au système par la poulie inférieure du parallélogramme, et contenant en outre le moteur, ainsi que toutes les machines, agrès et appareils nécessaires à l'exécution du service.

A ce sujet, est-il besoin d'ajouter que l'aluminium étant aux métaux en général ce que l'hydrogène est aux gaz sous le rapport du poids, l'on pourra avoir recours avec d'autant plus de succès à son emploi dans la construction des diverses parties du Rotaer, que sous une épaisseur d'un dixième de millimètre, par exemple, ce corps n'est pas plus lourd que la toile ordinaire ou que l'étoffe de soie préparée dont on se sert pour la confection des aérostats.

5° Enfin, de *deux gouvernails axifères et à double effet*, pour la direction de la marche, lesquels seront placés sur chacune des deux faces du panneau locomoteur et dans le milieu dudit, afin de ne pas changer par un poids excentrique le centre de gravité du Rotaer, qui, pour l'ascension et la descente notamment, doit avancer aussi bien en avant qu'en arrière.

Ces gouvernails fonctionnent au gré des aéronautes, à l'aide de simples tirages ramenés au centre par des poulies de renvoi, et passant par leur axe.

Observations.

Si on le jugeait à propos dans la pratique, rien n'empêcherait que, pour accélérer le mouvement, l'on adaptât, de chaque côté du panneau de translation, des roues à ailes rotatives semblables à celles de notre propulseur sus-indiqué, et qu'on les fît mouvoir par la machine.

Rien n'empêcherait également de disposer des roues semblables qui, mues par le courant que détermine dans l'air la marche de l'appareil, feraient, au contraire, mouvoir une partie du mécanisme et soulageraient ainsi la machine.

Rien n'empêcherait, enfin, que l'on combinât les effets de ces mêmes roues de manière à s'en servir à la fois dans la descente et dans la marche horizontale, tantôt pour l'une, tantôt pour l'autre des deux fonctions énoncées ci-dessus.

Mécanisme.

A l'égard du mécanisme, l'on comprend bien que nous n'allons pas entrer dans les minutieux détails de sa construction ; en effet, il ne constitue aucun principe nouveau, et il ne s'agit de résoudre à son aide que de simples questions relatives au service. Il suffit donc de le concevoir plus ou moins ingénieusement combiné, tant pour opérer les *inclinaisons* du panneau que pour assurer le *jeu des robinets* chargés de la distribution des différents gaz.

Il en est de même des détails relatifs aux fonctions des divers appareils nécessaires à l'opération de la marche, à la transmission du mouvement, etc., etc.

Toutefois, à cause des dangers inhérents à ce genre de navigation, il faut que, dans un cas donné, en *ne touchant à rien*, par exemple, l'appareil reste en l'air sans faire aucun mouvement : ce qui est le moyen le plus certain de n'avoir aucun choc à redouter, sauf à manœuvrer ensuite pour descendre, s'il y a lieu, et comme on l'entendra.

Pour cela, il faut que toutes les distributions soient à la fois dépendantes et distinctes les unes des autres.

Il n'y a également rien à dire du moteur de ce mécanisme ; qu'il résulte de l'emploi de la force humaine ou des plus puissantes machines de quelque genre que ce soit, cet agent est complétement étranger au Rotaer proprement dit : c'est un accessoire de ses appareils.

Résultat des Dispositions.

Composé ainsi que la description qui précède l'indique, et assignant des dimensions aux différentes parties du Rotaer, donnant, par exemple, vingt mètres carrés au panneau et dix mètres de diamètre au ballon, ce qui, compensation faite de la différence de forme de chacun de ces objets, porterait à 350 mètres environ, la superficie de la résistance sur l'air; admettant en outre que la nacelle soit montée par deux hommes, l'appareil destiné à l'expérimentation du système pèserait, y compris son mécanisme, ses récipients et tous les approvisionnements nécessaires, cinq à six cents kilogrammes environ.

Quant au prix de cet appareil, bien qu'il soit assez difficile de le fixer avec exactitude, l'on peut présumer d'avance que, si, par impossible, il devait atteindre douze à quinze mille francs, il ne saurait vraisemblablement s'élever au delà. — Il y a loin, on le voit, de ce chiffre modique, à ces sommes énormes qui ont écarté un si grand nombre d'essais et n'ont pas peu contribué à occasionner la défaveur qui s'attache d'ordinaire aux œuvres nouvelles, quelles qu'elles soient.

Notre intention eût bien pu être de faire nous-même les frais d'un *Rotaer* d'expérience; mais, en raison de son importance relative sous le rapport des résultats, nous ne pensons pas qu'une opération de ce genre doive être abandonnée aux hasards d'un effort isolé.

Toutefois, contrairement à la plupart des inventeurs en aéronautique, qui, persuadés que leurs appareils ne peuvent fonctionner qu'*en grand*, se sont rarement décidés à expérimenter *en petit*, nous nous proposons de présenter sous peu un appareil de démonstration qui, par le jeu d'un mécanisme à ressort, lâchant tantôt un poids lourd, tantôt un poids léger (un ballon), rendra évidents pour tous, *en les produisant*, les phénomènes résultant de l'application du principe sur l'action duquel est basé l'emploi du Rotaer. — Ce sera incontestablement le meilleur argument à fournir en faveur de notre théorie du *Pendule aérostatique*.

H. B.

PANNEAU LOCOMOTEUR DU ROTAER.

(Appareil de démonstration.)

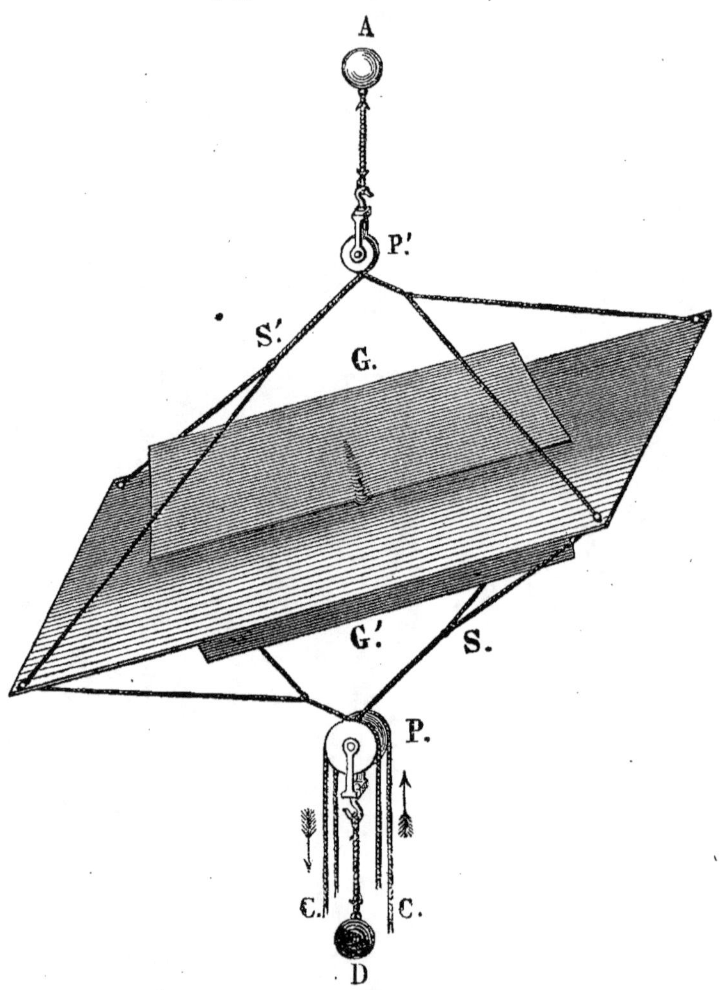

A   Poids *léger* ou ascensionnel (*aérostat*).

D   Poids *lourd* ou descensionnel (*nacelle ou véhicule*).

G G'   Deux gouvernails *axifères*, fonctionnant à l'aide d'un mécanisme, d'ailleurs très-simple, que les petites dimensions de cette figure n'ont pas permis d'indiquer.

P P'   Deux poulies à gorge, sur lesquelles s'enroulent, soit à droite, soit à gauche, les liens de suspension.

S S'   Deux systêmes de liens, maintenant le panneau suspendu, tantôt au poids ascensionnel, tantôt au poids descensionnel.

C C   Chaînes du mécanisme faisant tourner la poulie P tantôt à droite, tantôt à gauche, afin de changer l'inclinaison du panneau.

Voir l'explication ci-contre.

EXPLICATION

DE LA FIGURE CI-CONTRE.

Supposant le panneau placé horizontalement, si, par un mécanisme quelconque (dont il n'est pas nécessaire de s'occuper ici, où il ne s'agit que d'un principe), l'on fait tourner la poulie inférieure P au moyen des chaînes C C' qui sont seulement amorcées, le système de suspension S, s'enroulant autour de cette poulie, fera basculer le panneau comme sur un axe, tandis que la poulie supérieure P', maintenue par le poids ascensionnel A dans la même verticale, tournera à son tour en enroulant également le système de suspension S' d'une quantité correspondante ; d'où il suit que, malgré les changements incessants de l'inclinaison du panneau, les deux systèmes de suspension opposés restent réciproquement dans un état de parallélisme parfait.

C'est ce que le simple aperçu de la figure 1 (page 37) indique assez pour qu'il soit inutile d'insister.

Or, le panneau locomoteur étant représenté ici dans sa marche *ascendante*, l'inclinaison inverse à laquelle il passe par son mouvement de bascule *non interrompu*, produirait la marche *descendante*, de même que, lorsqu'entre ces deux inclinaisons différentes, il se trouve de niveau, sa position produirait, soit la marche horizontale quand il est lancé, soit la marche verticale (ascendante ou descendante) quand il est au repos.

Cet appareil, on le voit, ne fait que *s'ajouter* à ceux qui existent, l'aérostat et la nacelle ; et, tandis que ces derniers permettent de *monter* et de *descendre*, le panneau du *Rotaer*, muni de ses gouvernails, effectue *la translation* et *la direction*, c'est-à-dire *le complément* des mouvements et opérations nécessaires à la pratique de la navigation aérienne.

NOTA. — Si dans cette figure, qui est seulement *démonstrative*, l'on n'a indiqué que la *suspension théorique* du panneau, il n'en faut pas moins supposer tout un système de *suspension complémentaire*, tant *active* que *passive*, destiné à soutenir cet organe par un plus grand nombre de points, et dont, entr'autres, tandis que deux liens, partant des axes des poulies, recevraient les tourillons fixés à l'axe fictif du panneau, c'est-à-dire *au point immobile* sur lequel il bascule, un troisième, prenant sur deux chapes opposées à celles de suspension, passerait précisément par son centre.

Ce système de suspension complémentaire n'est autre chose pour le panneau locomoteur, d'une construction très-frêle, que ce que le filet est au ballon, qui ne saurait se maintenir sans lui.

Est-il besoin d'ajouter que si, pour les abouts, il suffira de faire rayonner simplement les liens complémentaires avec ceux des angles, l'on sera obligé, pour ceux des faces latérales, à cause du mouvement de bascule du panneau, d'avoir recours à des dispositions compensatoires, d'ailleurs peu compliquées.

OBSERVATIONS

RELATIVES AUX FIGURES CI-CONTRE.

Figure 1.

Par la direction des lignes verticales, il est facile de voir que le panneau loco-moteur, subissant un mouvement de *bascule*, s'incline sur son axe, ainsi qu'il est dit page 16, et non par ses extrémités.

Un détail annexé à cette figure indique l'*axe fictif* sur lequel s'opère le mouvement de *bascule*.

Figure 2.

L'ondulation dont se compose cette figure représente, par son développement, une suite de cercles dont les rayons, ainsi que les aires comprises entre eux, au lieu d'être *contigus* les uns aux autres, comme dans la roue ordinaire, sont *opposés*. Cela provient de ce que les divers centres *fictifs* d'oscillation qui, dans la roue, sont situés sur une même ligne horizontale, sont ici, par suite de l'ascension et de la descente alternatives du panneau dans des *directions inclinées*, placées tantôt d'un côté, tantôt de l'autre de la ligne de translation.

Les lignes ponctuées, tracées au-dessus et au-dessous des oscillations de la marche, indiquent comment sont réparties les actions ascensionnelles et descensionnelles, ainsi que les points où doivent commencer à fonctionner chacune d'elles pour former les ondulations.

L'on y voit que l'ascension et la descente ne sont suspendues chacune que seulement pendant un tiers environ de la course, et non pendant la moitié, et que pendant environ un autre tiers également, ces deux actions s'exercent simultanément.

Ce sont ces dernières dispositions qui réalisent les effets analogues à ceux du volant ou des coudes divergents, pour éviter les effets du *point mort* dans le mouvement de va et vient, et qui produisent, aussi bien en haut qu'en bas des ondulations, la marche horizontale dont il a été parlé page 18.

NOTA. — Ces deux figures sont seulement indicatives, c'est pourquoi l'on n'y a observé aucune proportion.

Ainsi que nous l'avons déjà dit page 13, les chemins ne *coûtant rien* dans l'air, il ne faudrait pas plus se préoccuper de l'excédant de longueur d'une ligne ondulée sur une ligne droite, qu'on ne le fait sur les chemins de fer du poids des locomotives qui, s'il établit l'adhérence des roues avec les rails, n'en augmente pas moins l'effort de la traction. — Ce sont des conditions entièrement inhérentes à la nature des divers systèmes de locomotion, dont il ne serait pas permis d'enfreindre les lois sans retirer à ces systèmes toute leur raison d'être.

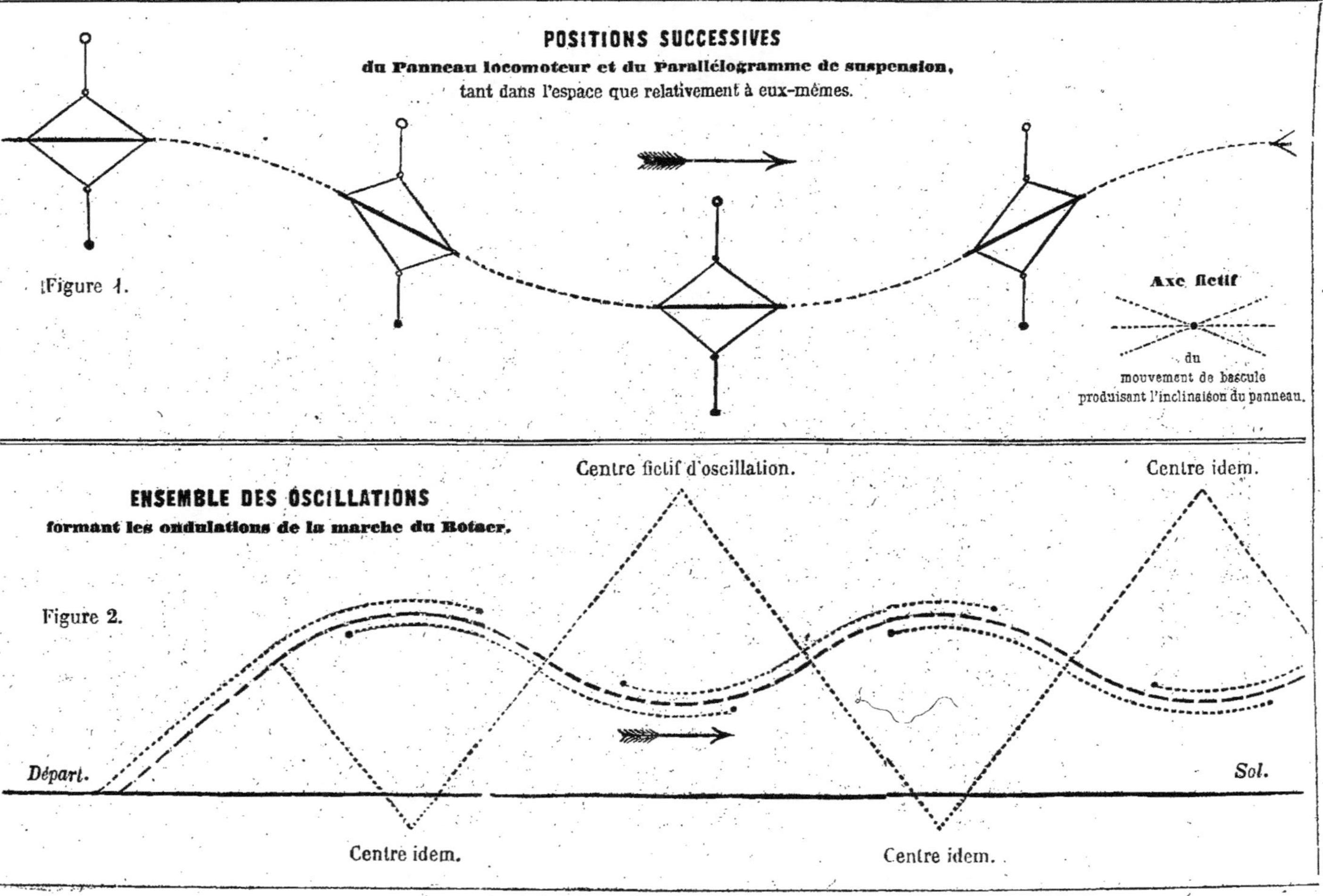
POSITIONS SUCCESSIVES
du Panneau locomoteur et du Parallélogramme de suspension,
tant dans l'espace que relativement à eux-mêmes.
Axe fictif
du
mouvement de bascule
produisant l'inclinaison du panneau.
Figure 1.
ENSEMBLE DES OSCILLATIONS
formant les ondulations de la marche du Botaer.
Centre fictif d'oscillation.
Centre idem.
Figure 2.
Départ.
Sol.
Centre idem.
Centre idem.

POST-SCRIPTUM

Si, pour la clarté du sujet et ne pas compliquer la démonstration du Rotaer, je n'ai envisagé cet appareil qu'au point de vue de *son principe*, dans le but unique de procéder à l'expérimentation de *ses propriétés*, il n'en faut pas moins rechercher quelle devra être *sa forme* définitive. A cet égard, rien n'empêche de supposer que le *panneau locomoteur* ainsi que le *ballon de suspension* ne soient réunis de manière à constituer ensemble un *seul et même agent* exécutant à lui seul les fonctions des deux organes dont il serait formé. — Dans ce cas, le panneau, qui seul peut augmenter dans la combinaison, gagnerait nécessairement ce que perdrait le ballon, et une forme *lenticulaire* résulterait évidemment de la sphéricité de l'un et de la platitude de l'autre. — Le panneau serait donc transformé en un aérostat, mais un aérostat aplati, c'est-à-dire ayant une forme qui, engendrée par la rotation d'une section *fusoïde* autour d'un axe, remplirait la condition essentielle préconisée, que, pour qu'il soit dirigeable, un ballon doit être construit *fusoïde*; et, comme chacun des points de la circonférence d'un tel aérostat représenterait un nombre indéfini de *pointes*, il s'ensuivrait encore ici que le caractère distinctif du Rotaer, la *centralisation*, apparaîtrait dans toute sa rigueur, et que *la lentille*, introduite comme élément dans sa construction, ne serait autre chose que le *fuseau centralisé*.

Cette propriété dont jouit la lentille d'être *un fusoïde* indéfini, s'ajoute, sans lui nuire, à celle qu'elle possède, entre autres de représenter, par sa courbure, une *suite non interrompue* de plans inclinés qui, en aéronautique, par l'emploi du Rotaer, deviennent la source du mouvement de translation. En cela, la lentille se comporte comme en optique, où sa forme est considérée comme une *réunion indéfinie* de faces prismatiques réfractant les rayons lumineux pour les rassembler en un seul point.

Tout en modifiant sensiblement *l'aspect* du Rotaer, un *ballon lenticulaire* qui, compensation faite de la différence de forme des deux objets qu'il remplace, paraît devoir produire *seul* dans l'air les effet que produisent *ensemble* le ballon sphérique et le panneau plat réunis, n'apporterait cependant *au fond* aucun changement au système, et tout ce que nous avons dit précédemment s'applique naturellement ici; ainsi, par la distribution des gaz et le jeu de la vessie natatoire, il deviendra alternativement lourd et léger pour opérer le mouvement de va et vient vertical; par l'action du mécanisme, il s'inclinera tantôt d'un côté, tantôt de l'autre, pour avancer dans les oscillations, et, à l'aide des gouvernails, semblables à ceux du panneau, mais seulement appropriés à la nouvelle forme, il se dirigera au gré de la volonté.

Ceci bien compris, le Rotaer, en raison de la forme lenticulaire de son aérostat, et par l'analogie de son mouvement de translation avec le phénomène du ricochet, ainsi que nous l'avons fait remarquer (page 24), pourrait être considéré comme un **palet aérien** qui, à l'exemple du *pendule ainsi appelé*, entretiendrait lui-même son action, laquelle, au lieu d'aller constamment en s'affaiblissant, comme dans le ricochet naturel, se renouvellerait, au contraire, sans cesse. — C'est à ce point que, sans les considérations qui ont fait prévaloir le nom de **Rotaer**, il eût été aussi logique et rationnel d'adopter celui de *palet aérien*.

Quant à la charpente de l'appareil, un ballon lenticulaire pouvant se tenir facilement de lui-même lorsqu'il est gonflé, cette charpente sera bien plus simple que celle du panneau plat et consistera uniquement en un cercle métallique qui, afin d'être le plus léger possible, serait construit par exemple en aluminium creux et sur lequel seraient adaptés comme sur le panneau les appendices de suspension de la nacelle ou du lest. — Le mode de suspension sera lui-même plus simple et pourra se borner aux quatre points élémentaires.

Nous ne parlons pas des supports destinés à empêcher l'aérostat de toucher sur le sol et de couvrir ainsi la nacelle dans les endroits où une enceinte spéciale ne serait pas établie pour le recevoir, non plus que de la nécessité d'employer pour la partie inférieure de l'enveloppe, qui sera la plus exposée aux contacts de tout genre, une étoffe plus résistante que pour celle supérieure ; ces questions, comme une foule d'autres que l'on ne peut présenter ici, font partie des nombreux détails relatifs à l'exécution.

Nous ne disons également rien des modifications qu'il faudra peut-être bien faire subir dans la pratique à la forme lenticulaire proprement dite, soit en allongeant plus ou moins l'aérostat, soit même en faisant ce dernier rectangulaire, comme le panneau, si l'expérience en démontrait l'utilité ; cela importe peu : ce que nous avons voulu démontrer, c'est le principe. Or, que l'aérostat soit parfaitement *lenticulaire* ou seulement *lenticuloïde*, ses propriétés essentielles sont toujours les mêmes.

Toutefois, dans l'intérêt du service, ou bien pour établir une simple communication, l'aérostat pourrait être percé d'une ouverture tubulaire, sorte de lunette pratiquée à son axe, de part en part, qui permettrait de se rendre facilement à la partie supérieure du ballon, et aux extrémités de laquelle seraient fixées les armatures des gouvernails. Cette ouverture, dans laquelle il serait possible, à l'aide de dispositions particulières, d'installer une partie de l'équipage (qui, placé ainsi dans l'intérieur même de l'aérostat, serait complétement à l'abri de tout danger ou accident quelconque), servirait aussi à régulariser la descente, à la lenteur de laquelle la forme aplatie du nouveau ballon serait d'ailleurs très-propice.

Si l'on ajoute à cela que par son dégonflement, faute de gaz ou par suite d'avaries, un aérostat lenticulaire, au lieu de constituer, comme les autres, un *danger imminent*, formera, au contraire, à la faveur du cercle placé à sa circonférence, un *immense parachute*, l'on est incontestablement fondé à admettre que l'on aura réalisé, en aérostation, l'idéal de la sécurité qu'il est permis d'exiger.

Tel sera, il faut l'espérer, le *Rotaer* dans un très-prochain avenir.

H. B.

APPENDICE

APPENDICE

NOTE SUR L'AÉROSTATION

SUPPOSÉE PRATICABLE

PAR LES COUCHES SUPÉRIEURES

DE L'ATMOSPHÈRE

AVIS

Plusieurs personnes ayant bien voulu me faire part de leurs observations au sujet du *Système rationnel* de navigation aérienne que j'ai publié récemment, et dans lequel, fixé par des déductions concluantes sur *l'immobilité relative probable* des parties hautes de l'atmosphère, j'ai émis la possibilité de les utiliser pour l'aérostation, je viens, par cette *Note*, préciser davantage ma pensée et la compléter à l'égard des points qui ont pu être exposés d'une manière insuffisante, afin de démontrer que ce n'est pas sans raison que j'ai été amené à faire la proposition de ce système.

J'entrerai également dans quelques détails sur la filiation des travaux qui m'ont conduit à recourir à cette théorie de l'aérostation, et je citerai des exemples destinés à corroborer et justifier en quelque sorte toutes mes prévisions.

Quant aux procédés pratiques pour arriver à l'obtention des faits, procédés que je n'avais d'ailleurs indiqués dans mon travail que pour faciliter l'intelligence du sujet, il n'en sera pas plus amplement question ici. D'ailleurs, les principes étant seuls en cause, il est inutile de les compliquer d'accessoires dont l'étude et la discussion seraient au moins prématurées.

Historique du Système.

Ce n'est pas la première fois, tant s'en faut, que, s'élançant dans le champ philosophique à la recherche *d'agents* qui devront, non-seulement se substituer à la puissance humaine, mais encore la surpasser de beaucoup, l'on émet cette opinion que les couches supérieures de l'atmosphère, pouvant bien n'être pas emportées par le mouvement de rotation de la terre avec la même rapidité que les couches inférieures, il serait possible d'utiliser ce mouvement pour l'aérostation; mais l'on n'a pas encore eu l'idée d'établir la possibilité de cette ravissante hypothèse par les déductions qui m'ont servi de guide et qui sont énoncées dans mon *Système rationnel*.

A la suite de recherches qui datent déjà de loin (puisque le propulseur que j'ai décrit et que j'avais abandonné, comme *inutile*, dans l'état actuel des connaissances, n'a pas moins de quinze ans (1), j'avais, dans le

---

(1) A ce sujet, l'on ne saurait trop répéter que ce ne sont pas ces sortes d'appareils qui importent, mais bien *la force*, et le jour où l'on sera mis en possession de cette dernière par la découverte d'un *nouveau moteur* plus léger que tous ceux connus relativement à sa puissance, ou par un emploi plus efficace des moyens que nous avons à notre disposition, la mécanique, dont les ressources sont inépuisables, saura bien fournir à l'aéronautique les propulseurs, de quelque genre qu'ils soient, dont elle aura besoin.

Il est vrai qu'alors les appareils seront modifiés, et qu'au lieu d'aérostats et même de Rotaer, nous aurons les *locomoteurs*, c'est-à-dire des appareils qui, à l'exemple des locomotives sur les chemins de fer ou des bateaux à vapeur, ne recevront leur impulsion que de leur propre force, sans préjudice, bien entendu, de la faculté d'utiliser au moyen de la voile, comme sur mer, les courants et les vents.

Cependant, l'on ne saurait faire à cet égard que des conjectures, tout au plus peut-on faire remarquer que ces sortes d'appareils ne devant offrir qu'une faible prise à l'action des courants et des vents, présenteront sous ce rapport de grands avantages sur les aérostats, et que par suite de leur disposition ils pourront rendre la navigation aérienne d'un usage presque *individuel*, ce que j'ai déjà avancé page 13 de mon Système.

Mais ce n'est pas ici le lieu de passer en revue les divers genres de locomotion aérienne; qu'il suffise de dire que si, par les *aérostats*, cette locomotion ressemble à la navigation maritime, dans laquelle les vaisseaux seraient *abandonnés* sans voiles aux hasards des flots; si, par les *Rotaer*, elle est analogue à cette même navigation pratiquée à la voile et dans laquelle *on se dirige* à son gré parmi les courants et les vents; par le *locomoteur*, elle sera complétement identique à la navigation à la vapeur, dans laquelle *on agit* malgré les vents, les courants et les flots.

Ce qui revient à dire que si, dans le premier cas, l'air et l'eau sont *libres*, dans le second ils sont *dirigés*, et que dans le troisième, enfin, ils sont *domptés*.

but *bien arrêté* de procéder *du connu à l'inconnu*, mis en parallèle, dans un tableau synoptique, les divers genres de locomotion en usage, tant **sur** terre que **par** l'eau et **dans** l'air ; et, après divers tâtonnements, ayant remarqué dans les rapports tantôt *positifs*, tantôt *relatifs*, tantôt *négatifs* des divers genres entre eux, une certaine coïncidence, frappé par la pensée que la succession des analogies pouvait devenir *progressive*, je n'hésitai pas à l'égard de la *définition* de la locomotion *dans l'air*, qui faisait défaut, à affirmer que si la locomotion *sur terre* résultait d'une *opération* **positive**, si celle *par l'eau* résultait d'une *opération* **relative**, celle dont il s'agissait devait incontestablement résulter d'une *opération* **négative** ; or, prenant, comme pour les autres, la contre-partie de la première, où l'effet a lieu par le *mouvement* d'un corps sur un solide *immobile*, il m'a suffi d'inscrire que cette locomotion s'effectuerait par *l'immobilité* d'un corps dans un milieu en *mouvement*.

Telle est l'origine du système.

Quant au moyen à employer, je l'indiquai : *inconnu*. Tout ce que je pus faire encore, ce fut de reconnaître que si, dans *l'opération positive*, l'action était *directe*, elle devait, dans *l'opération négative*, être nécessairement *indirecte*.

Au surplus, je ne vois pas pourquoi je ne reproduirais pas ce tableau qui, en servant à l'histoire de mon travail, donnera peut-être l'idée de ce qu'il serait possible de faire dans d'autres circonstances.

Voici donc ce tableau :

(Voir ledit tableau page suivante.)

J'ajoutais à la suite :

« Ce tableau, qui pourra peut-être donner l'idée de pousser plus loin les
« déductions qu'il contient, ou de les diriger vers un autre but, indique
« bien que *l'immobilité* puisse être la loi de la navigation aérienne ; mais
« il n'apprend pas par quel moyen on pourra l'obtenir. C'est à le trou-
« ver que doivent tendre de nouvelles recherches, dans lesquelles réus-
« siront certainement des esprits plus éclairés ou mieux inspirés que le
« mien. »

Je disais seulement que « la locomotion dans l'air ne pourrait s'effec-
« tuer qu'à l'aide d'un *agent soumis*. »

Or, cet *agent*, que je cherchais alors, peut consister dans le *mouvement de rotation* de la terre, *localisé* au gré de la volonté.

TABLEAU COMPARATIF
DES DIVERS GENRES DE LOCOMOTIONS.

PARALLÈLES MÉTHODIQUES, ANALOGIES SUCCESSIVES ET PROGRESSIVES, RAPPORTS, ETC., ETC.,

Pour procéder du connu à l'inconnu.

	LOCOMOTION SUR TERRE. (ROULAGE.)	LOCOMOTION PAR L'EAU. (NAVIGATION.)	LOCOMOTION DANS L'AIR. (AÉROSTATION.)	
Définition........	**Mouvement** d'un corps *sur* un solide *immobile*, par l'action successive des effets d'une roue. **Opération positive,** c'est-à-dire résultant d'une action *directe*.	**Transport** d'un corps *dans* un courant, ou **glissement** *sur* un liquide au moyen d'un effort quelconque. **Opération relative,** c'est-à-dire résultant de l'action *directe* du corps ou de celle *indirecte* du fluide.	**Immobilité** d'un corps *dans* un milieu *en mouvement?* . . . . par un moyen *inconnu*. . . . . . . **Opération négative?** c'est-à-dire résultant d'une action *indirecte?*	Ce moyen a été découvert depuis ; c'est celui indiqué dans le *Système rationnel.*
Point d'appui...	Résultant d'un simple contact *sur* un solide, ou **Positif.**	Résultant d'un déplacement partiel à *la surface* d'un fluide, ou **Relatif.**	Résultant d'un équilibre parfait *dans l'intérieur* d'un milieu? ou **Négatif?**	L'endroit de ce milieu, propice à un point d'appui, a été déterminé depuis : — ce sont les *couches tranquilles* supérieures de l'air.
Adhérence......	**Complète.**	**Relative.**	**Nulle?**	
Résistance	Égale au poids, ou **Totale.**	Proportionnée à la surface et au déplacement, ou **Relative.**	Détruite par l'équilibre, ou **Nulle ?**	Confirmé depuis par la translation naturelle faisant l'objet du *système rationnel.*
Chemins........	Fixes et déterminés, construits exprès pour les appareils, et très-coûteux. **Positifs.**	Fixes et vagues, construits exprès ou naturels, coûtant beaucoup, ou ne coûtant rien. **Relatifs.**	Vagues et universels, naturels et ne coûtant absolument rien. (*Masse entièrement véhiculaire.*) **Négatifs?**	Les découvertes ultérieures ci-dessus ont démontré que cette masse est en même temps *locomotrice.*
Appareils	*Nécessitant* des chemins spéciaux.	*Nécessitant* des chemins spéciaux, ou *faits* à la demande des chemins.	*Faits* pour les chemins.	**NOTA.** La 3ᵉ colonne est, on le voit, la contre-partie presque exacte de la 1ʳᵉ, c'est l'origine du *système rationnel dont il s'agit*
Résultats........	Voyages *limités à la terre.*	Voyages *limités à la mer.*	Voyages *illimités* sur terre et sur mer.	

Preuve matérielle à l'appui de mes assertions.

Un exemple, puisé dans les phénomènes purement naturels, servira à prouver qu'il n'y a rien de hasardé dans cette hypothèse de la décroissance du mouvement de translation de l'atmosphère, à mesure que l'on s'éloigne du sol :

L'on sait que, sous l'influence de l'attraction lunaire, l'eau s'élève à la surface de la mer et forme les marées ; mais ce que l'on semble perdre de vue, c'est que les deux ménisques ou renflements produits par ces marées aux deux points diamétralement opposés à l'une et à l'autre, au lieu de suivre le mouvement de rotation de la terre, comme ils le feraient s'ils obéissaient à ce mouvement, se projettent, au contraire, uniquement dans *l'axe de la lune.*

Or, abstraction faite des molécules aqueuses, pour ne voir que le phénomène proprement dit, la terre ne doit-elle pas être considérée comme tournant dans un globe d'eau, de forme allongée, doué d'un mouvement de rotation *indépendant* du sien.

Sans les saillies des continents qui en arrêtent la marche, il s'établirait certainement, relativement au sol, un courant circulaire indépendant de celui du corps de la planète, puisqu'il recevrait son impulsion de la lune.

Ceci revient à dire que, dans le phénomène des marées, ce n'est pas l'eau qui change de place, mais bien les divers points de la surface du globe, qui viennent, chacun à leur tour, traverser les couches formées par les ménisques liquides ; de telle sorte que ces points sont tantôt à sec, tantôt submergés.

Pourquoi n'en serait-il donc pas, dans l'atmosphère, par le mouvement de rotation de la terre, comme il en est des marées sur mer, par l'influence de la lune? et si des marées se forment en ménisques à la surface de l'eau sans troubler le repos du fond, pourquoi les parties inférieures de l'air ne seraient-elles pas emportées avec une grande rapidité, sans que les couches moyennes et supérieures soient obligées de les suivre et de transgresser ainsi les lois en vertu desquelles doit s'opérer le retard pressenti dans leur mouvement?

Les lignes qui précèdent répondent à l'une des plus graves objections qui m'aient été faites, à savoir : que l'attraction de la terre s'exerçant à la fois sur toutes les molécules de l'atmosphère, il n'y avait pas plus lieu pour ces dernières de se déplacer individuellement, que ne le font tous les autres corps placés à la surface du sol.

Cet argument, sérieux en apparence, n'est, au fond, que spécieux, attendu que l'attraction de la terre, s'exerçant sur le corps entier de l'atmosphère considéré comme enveloppe non adhérente, il n'y a pas plus de nécessité pour des molécules *mobiles* de rester en place, dans les *parties hautes*, que ne le sont les molécules *agitées*, dans les *parties basses*, où, par parenthèse, les courants et les vents se jouent passablement de ce mouvement de rotation, que l'on fait si terrible quand il s'agit des molécules moyennes et supérieures; pas plus encore que ne le fait un liquide qui ne suit pas le mouvement de rotation imprimé au vase qui le contient; que ne le font, enfin, dans un exemple beaucoup plus simple, deux corps superposés entre lesquels la lame d'un couteau ou tout autre objet mince et poli, peut passer sans que pour cela ils soient sensiblement dérangés de place.

D'ailleurs, le poids des molécules moyennes et supérieures de l'atmosphère étant moins grand, le mouvement dont elles sont animées doit conséquemment être aussi moins accéléré : en cela, cette proposition est en parfaite harmonie avec l'ensemble du système solaire, dans lequel, suivant les lois formulées par Képler, de si mélancolique résignation, les planètes tournent d'autant plus vite dans leur orbite autour du soleil, qu'elles sont plus rapprochées de ce grand centre d'attraction sur lequel elles *pèsent* par suite davantage.

Mais ce n'est pas seulement sur terre que l'on trouve des exemples de cette disjonction de rapports entre les corps solides et les corps gazeux ; les bandes de Jupiter et celles de Saturne nous l'apprennent assez. Ces bandes sont dues, en effet, à une rupture d'uniformité dans l'arrangement moléculaire des atmosphères, qui fait que les couches inférieures, emportées par l'énorme rapidité du mouvement de rotation de ces planètes (qui est, en moyenne, 25 fois plus grand à leur surface que celui de la Terre), forment un contraste apparent relativement au surplus de l'atmosphère, lequel surplus, malgré cette rapidité énorme, reste évidemment dans un grand état de tranquillité.

L'on conçoit facilement que si ces atmosphères étaient dans une complète homogénéité statique, relativement au mouvement de leurs planètes, toutes les molécules se suivraient uniformément comme celles d'un corps solide, et que, par suite, il n'apparaîtrait aucun phénomène.

Les atmosphères, ou queue des comètes elles-mêmes, dont les directions se projettent aussi bien dans un sens opposé au mouvement de translation qu'à la suite de ce dernier, doivent se trouver dans des conditions bien indépendantes de leur noyau central qui, lorsqu'elles en ont, peut tourner dans leur intérieur sans les emporter dans son mouvement de rotation.

Or, il n'y a pas plus de nécessité pour l'atmosphère terrestre de tourner avec son globe, qu'il n'en existe pour celles des comètes de tourner avec leur noyau.

Et, si les atmosphères ont une tendance à suivre les planètes dans leur *mouvement de rotation*, ne peut-on pas aussi admettre que, par suite de la raréfaction infinie de leurs molécules qui les met en contact immédiat avec les espaces, ces atmosphères n'aient, avec l'éther, des rapports qui les sollicitent vers l'*immobilité*, dont l'éther semble être l'expression la plus complète?

Cette question n'est pas si étrangère à notre sujet, qu'elle ne puisse être rappelée ici.

Maintenant, si l'on voulait qu'à l'exemple des marées, qui s'effectuent dans le plan de l'orbite lunaire, la position de l'atmosphère se rapportât au plan de l'écliptique plutôt qu'à celui de l'équateur, cette considération ne saurait influer en rien sur la propriété locomotrice de ses couches supérieures, attendu que, quel que soit le sens du mouvement de translation, la direction sera toujours indispensable pour se rendre aux endroits désirés, soit directement, soit indirectement.

Réflexions sur les propriétés générales du système.

Ce qu'il y a surtout de remarquable, dans ce moyen de *locomotion naturelle*, c'est qu'il contribue à compléter de plus en plus la série des nombreux agents *soumis* aux besoins de l'humanité. — En effet, le mouvement de rotation de la terre, qui ne servait à rien en particulier, quoique servant à tout en général, pourrait enfin être employé, par un moyen détourné, bien entendu, au gré de la volonté, comme le sont depuis longtemps la chaleur et la pesanteur; comme l'ont été plus récemment encore la vapeur avec ses nombreuses applications; comme viennent de l'être, enfin, l'électricité, le magnétisme, la lumière !

Dans ce cas, comme dans une foule d'autres, mettant à profit les propriétés particulières et inhérentes à la nature des corps ; l'atmosphère et le mouvement de rotation de la terre sont *domptés* l'un par l'autre, et l'intervention de leurs actions mutuelles et réciproques, combinées et mises en jeu, semblent devoir constituer le plus *puissant moteur* devant lequel la force humaine aura jamais eu à s'incliner et à abdiquer.

Toutefois encore, et à un point de vue qui n'est pas moins intéressant que les autres, cette navigation par l'aérostation semble devoir s'exécuter d'une manière providentielle, car le mouvement de translation de l'atmosphère étant proportionné à celui de rotation de la terre, avec lequel il est en rapport constant, il arrive qu'étant plus accéléré à l'équateur qu'aux pôles, où il sera nul, tous les points du globe seront desservis avec la même rapidité relative, comme si, par suite du plus grand nombre de localités situées dans les régions équinoxiales, l'action du mouvement devait *s'augmenter* en proportion des distances.

C'est précisément le contraire de ce qui a lieu pour le pendule, dont la déviation, qui est totale aux pôles, y parcourt le cercle en vingt-quatre heures, tandis qu'elle va en diminuant jusqu'à l'équateur, où elle est nulle.

Rectification sinon importante du moins nécessaire.

Quant à fonctionner, par le système rationnel, aux dernières limites de l'atmosphère, où il est probable que le repos, s'il n'est pas complet, est du moins très-grand, il n'y faudrait pas songer. Quelques personnes ont pensé que je le proposais ; c'est une erreur ; d'ailleurs, la densité de l'air, dans ces régions, doit être tellement faible, qu'il ne serait pas possible à un aérostat de les atteindre, malgré la grande légèreté spécifique du gaz hydrogène.

Mais j'ai peut-être occasionné cette erreur en appelant *couches supérieures* celles que j'eusse dû nommer *couches moyennes*, puisque, en effet, il en existe encore d'autres situées au-dessus.

J'avais pensé qu'il était suffisamment entendu que c'était dans les couches supérieures *praticables*, c'est-à-dire dix à quinze kilomètres environ (1), et comme l'atmosphère n'en a pas moins de quatre-vingts de hauteur, l'on voit qu'il y a encore du chemin pour arriver au sommet.

L'idée du merveilleux, qui sourit toujours agréablement à l'esprit, laissait déjà, sans doute, entrevoir la possibilité si séduisante de faire le tour du monde en vingt-quatre heures !

C'est encore trop beau : contentons-nous de beaucoup moins.

Au sujet de l'atmosphère.

Insistant néanmoins sur ce que nous avons dit dans notre travail (page 2 à 5), il ne faudrait pas oublier que, malgré sa simplicité apparente, l'air est, de tous les éléments, celui qui, aux points de vue physique et statique, présente le moins d'homogénéité.

L'atmosphère est, en effet, plus dense dans les parties basses que dans les parties hautes ;

(1) Il n'est pas inutile de faire remarquer que, contrairement à ce que l'on pense généralement, bien qu'à ces hauteurs l'atmosphère commence à se raréfier d'une manière notable, l'aérostat, s'il est suffisamment volumineux pour que l'hydrogène qu'il renferme annihile son poids, n'en continuera pas moins à s'y maintenir en équilibre. Le gaz, en effet, se dilate lui-même, en raison directe de la diminution de pression exercée sur les parois du ballon.

L'on évite, dans la pratique, les inconvénients qui pourraient résulter d'une expansion démesurée du gaz intérieur, en ne gonflant l'aérostat que d'une quantité proportionnée à la hauteur à laquelle il doit s'élever, et en munissant, en outre, le ballon de soupape de sûreté à pression, ou en laissant libre son ouverture inférieure, par laquelle s'échappe lors l'excès de gaz ascensionnel.

Elle est continuellement agitée dans les couches inférieures, tandis qu'elle est calme et tranquille dans les couches supérieures ;

Les régions qui avoisinent la terre sont chaudes et humides, ce qui les rend propices au séjour de l'électricité ;

Les régions situées au delà des nuages sont froides et sèches, et, par conséquent, impropres au développement de l'électricité ;

Enfin, tandis que les couches dans lesquelles nous vivons sont emportées avec une vitesse égale à celle du mouvement de rotation de la terre, tout porte à croire que celles dans lesquelles nous ne pouvons pénétrer sans y périr, pourraient bien, n'obéissant pas entièrement à l'action de ce mouvement, être transportées avec moins de rapidité, et retarder, sur les premières, d'une quantité correspondante à la hauteur à laquelle chacune de ces couches se trouve du sol. Toutes circonstances qui obligent de procéder, non plus *séparément*, mais *simultanément*.

Cette propriété locomotrice, dont les couches supérieures de l'atmosphère pourraient être douées, si on la considérait comme incompatible avec les idées et les données actuelles, serait cependant encore loin d'égaler la faculté bien autrement merveilleuse que possède la terre, de conduire l'électricité parallèlement aux nombreux fils télégraphiques qui la sillonnent dans tous les sens, et sans qu'il en résulte aucune confusion !

Connaissait-on, soupçonnait-on même, il y a seulement un demi-siècle, l'existence d'un pareil phénomène ?

Il faut donc, pour la navigation aérienne, concevoir tout autre chose que ce qui se pratique dans les transports actuels, soit sur terre, soit sur mer.

C'est pour cela que *le mouvement de rotation de la terre*, qui n'a pas encore été utilisé, pourrait offrir de grandes chances sur toutes les combinaisons proposées jusqu'ici quelque ingénieuses qu'elles soient.

Au sujet du lien de suspension.

L'on a généralement insisté sur le poids énorme qu'en raison de sa grande longueur présumée, pourra, j'en conviens, atteindre le lien de suspension de la nacelle au ballon.

En vérité, pour quiconque voudra bien réfléchir à ce qui a été réalisé seulement pour les chemins de fer et la vapeur, surtout en si peu de temps, l'on sera raisonnablement fondé à considérer cette question comme un *simple détail d'exécution*.

Elle est même résolue d'avance :

En effet, l'on donnera au ballon des dimensions plus grandes, et tout sera dit : c'est donc une affaire *d'aunage de l'étoffe*.

Qu'importerait, après tout, que l'aérostat ait dix, vingt, cent, deux cents et même cinq cents mètres de diamètre ; qu'il soit gros comme une maison ou comme la place de la Concorde, et que le lien qu'il supportera pèse cent, mille, et même dix mille kilogrammes, si ce n'était qu'à cette condition que l'on puisse voyager dans l'air ? L'on parle bien, déjà, d'aérostats pouvant transporter des armées de cinquante mille hommes !

Le rail des chemins de fer, dont *quatre rangées parallèles* couvrent aujourd'hui le monde entier de leurs réseaux, *ne s'allonge-t-il pas* lui-même au gré de la longueur du chemin ?

Pourquoi *le ballon*, qui n'est pas plus privilégié que le rail, *ne se grossirait-il pas* à son tour, à mesure que le poids qu'il doit soutenir augmente ?

Est-ce que le vaisseau, qui n'était, dans l'origine, qu'un simple canot, ne s'est pas accru à la demande des besoins jusqu'à prendre des dimensions colossales, sans parler des admirables et monstrueuses machines dont il s'est muni pour la navigation à vapeur ?

Eh ! si, prévoyant l'extension vraiment *fabuleuse* qu'ont prise les chemins de fer, l'on avait prédit, il y a moins d'un demi-siècle, qu'il existerait un jour plusieurs milliers de myriamètres de ces chemins ; qu'ils seraient, en outre, incessamment parcourus par des milliers de locomotives (qui n'existaient pas même alors, si ce n'est à l'état de description vague et de modèles informes), remorquant des quantités innombrables de véhicules de toutes sortes ; qu'ils posséderaient par centaines des gares monumentales, sans compter celles de leurs stations, disséminées par milliers ; que l'on exécuterait, pour leur construction, des travaux d'art gigantesques, d'une hardiesse et d'une difficulté inouïes ; que l'on trancherait les montagnes ; que l'on perforerait les rocs rebelles, les Alpes même, sans compter encore les tunnels que l'on parle d'établir sous le lit de la mer ; qu'enfin, un matériel immense, une administration spéciale et une exploitation savante, exigeraient le concours actif et intelligent de plusieurs millions d'hommes d'élite ou d'individus, l'on n'eût certainement pas manqué de crier à la folie d'une imagination en délire, à l'insuffisance des mines du globe, à l'épuisement des forces de l'humanité ! !

Et pourtant, tout cela s'est réalisé ; l'industrie, née de ce progrès, a changé, sans le bouleverser, la face du monde, et.... l'on ne s'en trouve pas plus mal.

Instruits par ces expériences, naguères réputées impossibles, par celles de la télégraphie électrique, hier encore traitées d'utopie irréalisable, et par tant d'autres plus ou moins capitales, dans les sciences, dans les arts et dans l'industrie, ne nous arrêtons pas aux pierres du chemin et poursuivons le but !

Éliminons donc l'argument, pour ne pas être obligé de le retourner.

Au surplus, si, malgré les avantages incontestables qu'il offre à la *circulation verticale*, le lien de suspension devait être un obstacle à la pratique de l'aérostation par les couches supérieures, soit tranquilles, soit locomotrices de l'atmosphère, dans lesquelles seulement l'on rencontrera le calme nécessaire à la direction et probablement aussi (dans celles locomotrices, le mouvement de translation *gratuit*, nous proposerions de diminuer la longueur de ce lien jusqu'à le supprimer entièrement, de telle sorte que la nacelle soit située immédiatement au-dessous de l'aérostat avec lequel elle marcherait alors de concert ; mais, dans ce cas, il faudrait que, de toute nécessité, le ballon descendît et montât suivant les besoins du service, à moins que l'on ne fît usage de ballons auxiliaires et que, pour prévenir les dangers qui pourraient résulter de la raréfaction de l'air sur la respiration de l'équipage dans les régions trop élevées, l'on complétât, par la compression, la densité de l'air dans l'intérieur du véhicule.

Quant aux organes de direction et de locomotion, ces derniers consistant toujours en un gouvernail et un propulseur, ils pourraient servir tous deux dans les couches seulement *tranquilles* ; mais leurs fonctions spéciales ne seront d'aucune utilité dans les couches *locomotrices*, attendu que le courant y est ambiant. Cependant, la *direction* étant aussi indispensable dans ces dernières couches que dans les autres, le propulseur étant doué d'une force propre (fournie par le moteur), s'y substituera au gouvernail, dont, par des moyens différents, mais analogues, il produira seul tous les effets.

Mais peut-être nous faisons-nous un monstre et un épouvantail de difficultés qui ne sont que chimériques, et, à l'exemple de ce hardi constructeur qui, à l'origine des chemins de fer, se hasarda sur un rail uni, dont il se trouva aussi bien que des crémaillères ou des chaînes sans fin que l'on avait employées jusque-là, allons-nous trouver tout à coup qu'il suffisait de s'aventurer dans l'air avec les moyens actuels, seulement perfectionnés, pour le parcourir immédiatement dans tous les sens !

Peut-être aussi, à notre insu, faisons-nous, en matière de navigation aérienne, l'expérience de cette vérité aussi vieille que le monde, malgré les dénégations dont elle a souvent été l'objet, qu'il faut toujours, à l'exemple de la nature, faire ou demander plus pour produire ou obtenir moins. D'ailleurs, *subjuguer pour convaincre*, est une des lois de l'intelligence, comme « *dépasser le but pour l'atteindre*, est une loi de la force « de projection. » (E. de Girardin, *la Liberté*, page XXII.) C'est une définition de la loi du progrès, et cette loi ne saurait être efficace que par l'obligation de s'imposer sans cesse à elle-même.

Objections diverses.

Parmi les objections portant sur la supposition de l'emploi du *moyen naturel* dû au mouvement de rotation de la terre (cette dernière considérée comme tournant dans une atmosphère immobile), il en est une qui trouve nécessairement sa place ici : l'on craint que, par suite de l'importance que devront prendre, sous le rapport de leur dimension, les appareils qui y seront employés et en raison de la hauteur, relativement immense, à laquelle ils seront obligés de fonctionner, il ne devienne très-difficile, pour ne pas dire presque impossible, de les arrêter.

C'est, je le crois, leur faire trop d'honneur. Loin de lutter avec leur créateur, ces nouveaux titans resteront toujours des instruments dociles à sa volonté.

Cependant, si la pratique démontrait qu'il y eût avantage à ne pas s'arrêter, cette considération ne serait assurément pas un obstacle : l'affirmative a été pleinement résolue à l'égard des chemins de fer, sur lesquels on sait maintenant qu'au moyen d'un décrochement d'une part et d'une accélération de mouvement de l'autre, un train pourrait parcourir son trajet tout entier sans s'arrêter, tout en laissant et prenant cependant des voyageurs à un nombre indéterminé de stations.

Qui empêcherait que l'on ne procédât de même pour l'aérostation, en appropriant les moyens aux appareils, c'est-à-dire en faisant usage, pour le service, de petits aérostats, comme l'on se sert de chaloupes pour aborder un vaisseau en mer.

Il ne s'agit donc véritablement là que d'un simple détail d'exécution.

A ce sujet, l'on pourrait même affirmer, sans crainte de se tromper, que si, par une bizarrerie d'ailleurs inconcevable, la terre avait été dotée d'un satellite placé à peu près dans les conditions d'un tel aérostat, marchant, par conséquent, toujours, l'on aurait depuis long-temps, d'une manière directe ou détournée, trouvé le moyen d'utiliser son mouvement de translation.

Arrière donc ces faiblesses ! Les détails viendront en leur temps, et si même, une fois lancé dans l'air, l'aérostat, emporté par un mouvement trop accéléré, continuait, par impossible, à tourner autour de la Terre, sans qu'on puisse l'arrêter, prenons-en bravement notre parti, bien certain que, malgré sa résistance, il ne sera pas plus difficile de le diriger que de le prendre et de le quitter à son gré. Mais, ayons soin de le répéter, de telles appréhensions ne sont nullement à craindre.

Quant aux objections, portant sur les conditions de sécurité et de précautions à prendre pour éviter les dangers inhérents à la navigation aérienne, comme sur les appareils de sauvetage à gaz comprimé ou autres dont chacun pourrait être muni, il n'y a peut-être pas lieu de s'en occuper avant que ce genre de locomotion ne soit plus connu. Cependant, il faut s'attendre à ce qu'il en surgisse un grand nombre, que l'on ne peut énumérer, embrasser, ni étudier ici.

Rappelons seulement en terminant, que Papin, lorsqu'il construisit la première machine à vapeur, ne se doutait guère des admirables complications dont on viendrait un jour entourer son idée créatrice, et que Fulton, quand il lançait son premier bateau, était loin de penser nonseulement à la substitution de l'hélice à ses roues à aubes, mais encore aux proportions gigantesques que l'on donnerait par la suite aux steamers destinés à la navigation transatlantique.

Paris, le 1er Juin 1857.

H. BARNOUT, Architecte.

FIN DE L'APPENDICE.